南方肉用山羊养殖技术

李苏新 编著

金盾出版社

内 容 提 要

本书由广西职业技术学院李苏新副教授编著。内容包括:肉用山羊的养殖特点,适合我国南方养殖的肉用山羊品种,羊场建设及圈养设施,肉用山羊的繁育技术,营养与饲料,饲养管理与肥育,以及疾病防治等。内容丰富,语言通俗易懂,方法科学实用,可供养羊专业户、羊场及基层畜牧养殖技术推广人员阅读使用,亦可供农业院校相关专业师生阅读参考。

图书在版编目(CIP)数据

南方肉用山羊养殖技术/李苏新编著.—北京:金盾出版社,2009.3(2016.9重印)

ISBN 978-7-5082-5537-8

Ⅰ.南… Ⅱ.李… Ⅲ.肉用羊:山羊—饲养管理 Ⅳ.S827.9

中国版本图书馆 CIP 数据核字(2009)第 013737 号

金盾出版社出版、总发行

北京太平路5号(地铁万寿路站往南)

邮政编码:100036 电话:68214039 83219215

传真:68276683 网址:www.jdcbs.cn

封面印刷:北京印刷一厂

正文印刷:北京军迪印刷有限责任公司

装订:北京军迪印刷有限责任公司

各地新华书店经销

开本:850×1168 1/32 印张:5.625 字数:140千字

2016年9月第1版第7次印刷

印数:31 001～35 000册 定价:9.00元

前　言

近年来，随着人民生活水平的提高，健康意识的增强，羊肉越来越为城乡居民喜爱，消费量与日俱增，市场需求量日渐增大，发展肉用山羊前景广阔。随着种草养羊、山羊杂交改良和秸秆利用技术的推广，农民养羊技术水平得到一定的提高。但是，由于部分养殖者科学养羊意识淡薄、经济条件有限以及技术推广力度不够和技术不配套等原因，肉用山羊传统养殖方式还占很大比重，养殖效率普遍较低。为了促进我国肉用山羊生产的发展，推广普及肉用山羊养殖新技术，满足生产者的实际需要，笔者总结了目前国内外养羊新技术，借鉴各地养羊的成功经验，并结合自己多年的工作体会，编撰了此书。

本书重点介绍了肉用山羊养殖特点，适合我国南方的优良肉用山羊品种、繁育、营养需要、饲料加工调制与日粮配合、饲养管理、肉羊肥育、羊病防治、羊场建设等内容。可供养羊专业户、基层畜牧养殖技术推广人员使用，亦可供农业院校相关专业师生阅读参考。

由于作者本人水平所限，书中难免有纰漏之处，恳请广大读者及业界同仁批评指正。

编 著 者

2008 年 12 月

目录

第一章　肉用山羊养殖特点

肉用山羊养殖投资少，见效快，不仅能有效地开发利用草山草坡资源，而且能充分利用农闲地、退耕地种植优质的牧草和农副产品。特别是我国南方草原面积大，气候条件优越，区位优势明显，畜牧业发展基础好，草原自然灾害少，劳动力资源丰富。由于气候条件优越等原因，南方草原的草产量一般是北方天然草原的4～6倍。经过改良而建成的人工草原，产草能力可提高10多倍。南方7 951万公顷天然草原中，可利用草原面积占80%，十分有利于肉用山羊养殖业的发展。

一、山羊生活习性与生态适应性

（一）山羊的行为和习性

山羊虽然是人类最早驯养的家畜种类之一，但同其他家畜相比，山羊自驯养以来得到的饲养和管理条件不佳，这使得山羊的一些原始特性在一定程度上得以保留和延续，形成独特的行为和习性。

1. 好动性　山羊勇敢活泼，敏捷机智，喜欢登高，善于游走，属活泼型小反刍动物，爱角斗。

2. 觅食性　山羊的觅食力强，食性杂，能食百样草，对各种牧草、灌木枝叶、作物秸秆、菜叶、果皮、藤蔓、农副产品等均可采食，其采食植物的种类较其他家畜广泛。据对5种家畜饲喂植物的试验，山羊能采食的植物有607种，不采食的有83种，采食率为88%，而绵羊、牛、马、猪的采食率分别为80%、64%、73%和46%（表1-1）。在饲草匮乏的情况下，山羊觅食力较强。在荒漠、半荒漠地区，牛不能利用的多数植物，山羊也能有效利用。山羊的采食时间大多集中在白天，日出时开始采食，但并不连续采食，而是在每天的一定时间内摄食量大，而在其他时间进行反刍、休息。据测定，每天清晨和黄昏，山羊的采食量最大。因此，在舍饲或半舍饲半放牧时，供给山羊的草料应多样化，且需少食多餐。

表 1-1 几种家畜采食植物的种类数量比较

家畜种类	试喂植物种类数	采食数	不采食数	采食率(%)
山羊	690	607	83	88
绵羊	655	522	133	80
牛	655	420	235	64
马	685	502	183	73
猪	314	145	169	46

3. 合群性 山羊具有较强的合群性。无论放牧还是舍饲，山羊总喜欢在一起活动，其中年龄大、后代多、身强体壮的羊担任“头羊”的角色。在头羊带领下，其他羊只能顺从地跟随放牧、出入、起卧、过桥及通过狭窄处。合群性给山羊的大群放牧提供了便利。

4. 多胎性 山羊性成熟早，繁殖力强，具有多胎多产的特点。大多数品种的山羊每胎可产羔 2～3 只，平均产羔率 200%以上，比绵羊产羔率高得多。山羊的多胎性使其繁殖效率远大于绵羊，为自繁自养，发展肉羊规模养殖创造了条件。

5. 喜洁性 山羊喜清洁、爱干燥，厌恶污浊、潮湿，其嗅觉高度发达，采食前总是先用鼻子嗅一嗅，凡是有异味、沾有粪便或腐败的饲料，被污染的饮水或被践踏过的草料，山羊宁愿受渴挨饿也不采食。因此，羊场应选择在干燥、通风、向阳的地方，喂给的草料要少给勤添，饮水要放在水槽或水盆里，保持清洁卫生。

(二)山羊的生态适应性

山羊对自然气候和生态环境的要求不高，既能在良好的条件下生长，又能在恶劣的环境下生存，分布范围极为广泛。在世界上，除南、北半球高纬度地区没有山羊外，从北半球的斯堪的纳维亚半岛到南半球的大洋洲，从赤道沿线的东非高原到南美洲，从干燥炎热的撒哈拉大沙漠到严寒的青藏高原，都饲养着不同类型的山羊。山羊的生态适应性表现在以下几方面：

一是调节体温能力强，适生范围广。山羊是恒温动物，它的体温只有保持在适度范围内(38.5℃～39.7℃)，才能进行正常的生理活动。在不同的环境温度下，山羊为保持体温的相对稳定，进行着各种方式的生理调节。当环境温度下降时，山羊的维持消耗增加，通过提高代谢率来维持体温；当环境温度上升时，山羊的维持消耗需要减少，通过减少采食、动用一切方式散热以及卧休等来维持体温。

从热带、亚热带到温带、寒带地区均有山羊分布，许多不适于饲养绵羊的地方，山羊都能很好地生长。山羊能忍受缺水和高温，较好地适应沙漠地区的生活环境，这说明山羊调节体温、适应环境的能力是很强的。热带地区的山羊一般体型较小，毛短，无绒毛，易于散热；寒冷地区的山羊一般体型较大，被毛较长，长有大量绒毛，利于保温。

二是消化器官发达，消化吸收能力强。山羊的消化器官发达，能较好地消化各种青粗饲料。

山羊的嘴尖、齿利、上唇薄。山羊的嘴不同于牛等反刍动物，具有分裂的上唇，下腭门齿锐利，上腭有坚硬而光滑的硬腭，这使得山羊能够更加灵巧地利用嘴唇控制食物，选择牧草，并具有较强的采食低草、贴近地面放牧和咀嚼饲料的能力。

山羊具有发达的瘤胃，对粗纤维具有强大的消化利用能力。

山羊的小肠长，消化吸收能力强。小肠是山羊吸收营养物质的主要器官，小肠长意味着山羊具有较强的消化吸收能力。山羊的消化道容积大，通道长，相对采食量和对饲料中干物质特别是粗纤维的消化利用率明显高于其他家畜。

三是抗病力强，适应性好。山羊能很好适应各种气候、土壤、饲料的条件，按其各种生态条件下的适应性来说，山羊是仅次于犬的一种家畜。由于山羊自驯养以来保留了一些原始特性，其野生状态下抗病力强和适应恶劣环境的能力在一定程度上延续下来，遇小病往往能抵抗得过去，疫病相对较少，非重症不表现病态。它能适应粗放的饲养方式，对草料的品质要求不太高，能够忍受自然放牧条件下营养上的四季变化，当夏、秋季节气候温暖，牧草丰盛时能利用牧地迅速抓膘，冬、春季营养差则渐渐消瘦。山羊性情温驯，耐粗饲，成活率高。山羊适应力强的特点，有利于不同气候和草质地区的农牧户饲养。

二、肉用山羊的特点

在自然生态环境条件的影响和人类有意识或无意识的选择和培育下，全世界已形成了数百个山羊品种，已知山羊品种和品种群200多个。纯属肉用方向的品种约占10%，这些山羊品种具备以下特点。

(一)体型和外貌特征

1. 皮肤 肉用山羊皮下结缔组织及内脏器官发达，脂肪沉积量高，皮肤薄而疏松。

2. 骨骼 一般肉用山羊在营养丰富，饲料中矿物质充足的情况下，管状骨迅速钙化，骨骼的生长早期即行停止。因此，骨骼的形状也比较短。

3. 头骨 肉用山羊一般头短而宽，鼻梁稍向内弯曲或呈拱形，眼圈大而明亮，而眼和两耳间的距离较远。

4. 颈部 肉用山羊颈部一般较短，由于颈部肌肉和脂肪发达，颈部显得宽深而呈圆形。

5. 鬐甲 鬐甲的部位是由前5～7个脊椎骨连同其棘突及横

突构成。鬐甲两侧止于肩胛骨的上缘。肉用山羊的鬐甲很宽，与背部平行，脊椎的横突较长、棘突较短，脊椎上长有大量的肌肉和脂肪，肌肉发达，鬐甲也显得宽。同时，也可以看到发育好的肌肉和皮下脂肪充满脊椎棘突和横突之间的空隙，因而使背线和鬐甲构成一直线。

6. 背部 肉用山羊由于脊椎的横突较长，肋骨较圆，肌肉和脂肪发达，因而形成宽而平的背。

7. 腰部 肉用山羊腰部平直宽，故显得肉多。

8. 臀部 肉用山羊的臀部与背部、腰部一致，肌肉丰满，后视，两后腿间距离大。

9. 胸部 肉用山羊胸腔圆而宽，胸部长有大量的肌肉。虽然脊椎短，胸腔长度不足，但肋骨开张良好，显得宽而深。肉用山羊胸腔内的容量较小，心脏不发达。

10. 四肢 肉用山羊四肢短而细，前后肢开张良好而宽，并端正，显得坚实有力。

（二）早熟性

早熟性是肉用山羊一个重要的生理特征。表现在体成熟（即体格和体重的早熟）和性成熟都早。体成熟早又称生长的早熟，即生长较快，山羊在未到成年羊的幼年时期，体重的增长就达到成年羊体重的70%～75%或以上。性成熟早，也就是初情期早。因此，生产中就可以利用山羊品种早期生长快的特点，生产羔羊肉；而利用性成熟早的特点增加终身的产羔次数。

（三）体重大、生长速度快、胴体品质好

肉用山羊的体重大，生长快。例如，波尔山羊成年公羊体重为80～100千克，母羊为60～75千克；南江黄羊成年公、母羊平均体重分别为66.87千克和45.64千克；马头山羊成年公、母羊平均体重分别为43.81千克和33.70千克。

肉用山羊的胴体和肉的品质好。例如，波尔山羊、南江黄羊肌肉细嫩坚实，脂肪不多，肉多汁，产肉量高。波尔山羊在正常的饲养管理条件下，100 日龄公羊体重 30 千克，母羊 29 千克。出生后 8～10 月龄的羔羊屠宰率为 48％，羔羊肉质好，体表脂肪少，肌肉多，肉色也佳。

肉用山羊的胴体，从外部形态来看，躯体粗圆，背腰宽平，背部肌肉厚实，臀部肌肉丰满。胴体倒挂起来，两后腿之间呈“U”字形。从第十二肋骨处横截断，可见到棘突两边的两条较大面积的眼肌，体表覆盖的脂肪不厚。

（四）经济效益高

高繁殖力是肉用山羊品种的重要经济性状，其具有性成熟早、四季发情、产羔频率高（即 1 年 2 产或 2 年 3 产）、每胎产羔数多（两羔以上）等生理特点，决定了肉山羊的饲养期短、周转快、充分利用季节性饲草资源，达到当年屠宰，当年收益。在正常的饲养管理条件下，1 只产羔母羊年生产（羔羊）胴体重，比繁殖力低的母羊多增产 1.5～2.5 倍，甚至还高。我国山羊的产肉性能见表 1-2。

表 1-2　我国肉用山羊产肉性能

年　龄	屠宰前体重（千克）	胴体重（千克）	净肉重（千克）	屠宰率（％）
成　年	36.64	17.01	14.54	46.42
羔　羊	23.35	10.67	7.79	45.70
杂交羔羊	29.95	14.88	9.29	49.68
平　均	29.98	14.19	10.54	47.33

我们在了解了肉用山羊的以上特点之后，就可根据这些特点进行选择，这样就有助于加速产肉性能的提高和增加经济效益。

第二章　适合南方养殖的肉用山羊品种

任何山羊品种都能产肉，但由于品种不同，羊肉的产量、品质及经济效益有很大的差异，而且山羊品种一般或多或少带有其原产地的生态特征，同时，不同品种的适应性也存在差异。本章着重介绍适合我国南方地区饲养的引进肉用品种山羊和我国肉用性能较好的地方优良山羊品种。

一、引进的山羊品种

(一)波尔山羊

波尔山羊是世界最著名的专用肉山羊品种。

波尔山羊被毛短密，躯体背毛白色，头、颈红褐色并带有白斑。头平直，耳宽长而下垂。角为向后弯曲的镰刀状。体躯长，胸部宽深，背部结实宽厚，肋部发育良好，后躯丰满，肌肉发达，四肢强健。具有良好的肉用体型。

波尔山羊适应力强，能适应内陆性气候及亚热带灌木丛、热带灌木丛、半荒漠地区等环境条件，能够忍耐热带的炎热环境、沙漠的干旱缺水条件。采食范围广泛，能采食很多种植物，放牧或舍饲均可。抗病力强，对一些疾病如蓝舌病、肠毒血症及氢氰酸中毒症等抵抗力很强，对内寄生虫的侵害也有很强的抵抗力。波尔山羊代谢的水分交换率比绵羊低，热应激时，每千克代谢活重的需水量比绵羊少40%。使用寿命在10年以上。

波尔山羊体重大，生长快，有“肉羊之父”的美称。公、母羊初生重平均为4.15千克。经过高度选择的波尔山羊体重：100日龄公羊30千克，母羊29千克；1～1.5岁公羊45～70千克，母羊

40～55 千克；成年平均体重公羊 80～100 千克，母羊 60～75 千克。在优良草地放牧并补饲精饲料的条件下，波尔山羊日增重公羊可达 291 克，母羊 272 克。一般条件下，日增重为 120～200 克。羊肉脂肪含量适中，肉质细嫩，胴体品质好。屠宰率高，8～10 月龄时屠宰率为 48%，周岁时为 50%，2 岁时为 52%，成年时为 56%～60%。最佳上市体重为 38～43 千克。板皮上乘，以毛白色、短而细的板皮质量最好。

波尔山羊繁殖率高，性成熟早，可四季发情，秋季为自然发情高峰，春、夏季发情率较低。初情期为 6 月龄左右，发情周期平均为 21 天，妊娠期平均 148 天。一般 2 年可产 3 胎。产羔率在 189%～193%。1.5 岁母羊年均产羔 2.26 只，断奶活羔 1.96 只。

（二）萨能山羊

萨能山羊为世界著名奶山羊品种，是奶山羊的代表型。原产于瑞士伯尔尼的萨能地区，属阿尔卑斯山区。萨能山羊很早就输出到世界各地，作为奶山羊的改良品种，杂交效果显著，很多奶山羊品种都含有萨能山羊血统。我国用萨能山羊与本地山羊杂交，经严格选育而培育成西农奶山羊、关中奶山羊、崂山奶山羊等品种。

萨能山羊具有奶用家畜的楔状体型，结构紧凑细致，被毛白色或淡黄色，由粗短的有髓毛组成，公羊的肩、背、腹和股部长有较长的粗毛。皮薄，呈粉红色。有头长、颈长、躯干长、四肢长的外形特点。公、母羊均有须，大多数无角，额宽，眼大凸出，耳长直立。母羊颈部细长，公羊颈粗而短，背腰平直而长，后躯发育好，肋骨拱圆，四肢坚实，乳房发育良好。

萨能山羊具有体大、早熟、长寿、繁殖力强、泌乳性能好等特点。成年公、母羊体重分别为 85～110 千克和 55～70 千克。母羊头胎多产单羔，经产羊为双羔或多羔，繁殖率为 160%～220%。泌乳性能好，泌乳期为 8～10 个月，平均产奶量为 932±305 千克，最高个体产奶记录为 3 430 千克，在产羔后 2～3 个月产奶量最高。乳脂率平均为 3.6%。

在肉羊生产中，萨能山羊主要用作三元杂交的第一父本，与本地品种母羊杂交，其杂交后代体格增大，又保持了繁殖性能好的特点，选留杂交一代(F_1)母羊与肉用性能突出的终端父本公羊杂交，生产商品肉羊，可提高杂交改良效果。

（三）努比亚山羊

努比亚山羊原产于澳大利亚。属奶肉兼用型山羊品种。20 世纪 70 年代初引入我国，并在一些国营羊场进行繁殖育种。努比亚山羊公、母均有角，极少数无角，头大小适中，体质结实，体躯发达，背腰平直，后躯发育良好，被毛呈黄褐色。该品种适应性、采食力强，耐热，耐粗饲，适合于南方山区饲养。

努比亚山羊体格较大，成年公羊体高 71.5 厘米，体重 60.2 千克，成年母羊体高 65.8 厘米，体重 46.8 千克；初生公羔 1.5～3 千克，母羔 1.2～2.1 千克；8 月龄公羔宰前体重 32.2 千克，母羔 28.8 千克；羯羊体重可达 75.2 千克。肌肉丰满，肉质细嫩，膻味小，各龄羊屠宰率和净肉率都较高。性成熟早，6～9 月龄可初配，产羔率平均 220.3%。

二、地方山羊品种

（一）马头山羊

马头山羊是我国南方山区优良肉用山羊品种，产于湖北、湖南两省的西部山区。主要分布在湖南省的石门、慈利、芷江、新晃、桑植等县和湖北省的郧阳、恩施地区。该羊的特点是屠宰率高、净肉率高、肉质好、繁殖力强。

马头山羊因头形似马而得名。体质结实，结构匀称。头大小适中，公、母羊均无角，颌下有髯，公羊额顶有长毛下垂至眼线，母羊颈较细长，头、肩、颈结合良好。部分羊颈下有一对肉垂。体格较大，体躯呈长方形，背腰平直，后躯发育良好，尻略斜。有一部分羊背脊很宽，群众称之为“双脊羊”。被毛以白色为主，黑色、麻色、杂色少见。毛短贴身，富有光泽。四肢有力，步态如马。

马头山羊成年公、母羊平均体重分别为 43.81 千克和 33.70 千克。马头山羊肉用性能好，羯羊体重大。12 月龄羯羊、成年羯羊平均体重分别为 34.74 千克和 47.44 千克。该品种羊产肉性能好，在终年放牧条件下，成年羯羊屠宰率高达 62.61%，净肉率 44.45%。羔羊早期肥育效果好，2 月龄断奶羯羊在放牧补饲条件下肥育 5 个月，平均体重达 23.3 千克，胴体重 10.52 千克，脂肪重 1.68 千克，屠宰率达 52.34%。板皮属“汉口路”。

马头山羊性成熟早，母羊 3～5 月龄、公羊 4～6 月龄达性成熟，但适配月龄在 10 月龄左右，母羊四季发情，以春、秋两季居多，发情周期 20 天左右，妊娠期 143～154 天；初产羊多产单羔，经产羊多产双羔，1 年产 2 胎或 2 年产 3 胎，产羔率为 191.94%～200.33%。

(二)南江黄羊

南江黄羊产于四川省南江县，经杂交培育而成，1998 年 4 月由国家农业部正式命名。南江黄羊具有体格大，生长发育快，四季发情，繁殖率高，抗病力强，耐粗饲，产肉率高和板皮品质好等特性，是我国目前肉用性能优秀的山羊新品种。该品种具有较强的适应性，现已推广到全国 21 个省(直辖市、自治区)，在适应当地环境，改良各地山羊方面取得了良好的效果。

南江黄羊的培育地区位于川陕交界处。试验地点的北极种畜场、元顶子牧场及其周围 16 个乡镇，海拔 800～1 500 米，年均气温 15℃，气温变化范围在－8℃～38℃，年降水量 1 100 毫米左右，空气相对湿度 72%，无霜期 240 天，属亚热带湿润季风气候区。

南江黄羊公、母羊多数有角，头型较大，颈部较粗，体格高大。前胸深广，背腰平直，四肢粗长，体躯近似桶状。被毛呈黄褐色，毛短紧贴皮肤，富有光泽，沿背脊有一条黑色毛带，面部多为黑色，鼻梁两侧各有一条对称的黄白色条纹。

南江黄羊成年公、母羊平均体重分别为 66.87 千克和 45.64 千克，周岁时分别为 37.61 千克和 30.53 千克，6 月龄时分别为 27.40 千克和 21.82 千克。在放牧条件下，6 月龄屠宰前体重 21.30 千克，胴体重 9.6 千克，屠宰率 45.12%，净肉率 29.63%；8 月龄时相应指标为 23.78 千克、11.39 千克、47.89%和 35.72%。12 月龄屠宰，胴体重 15.55 千克，屠宰率 49.71%；成年羯羊屠宰率为 55.65%。最佳适宜屠宰期为 8～10 月龄。南江黄羊肉质鲜嫩，营养丰富，膻味小。板皮品质优良，柔软有弹性。

南江黄羊性成熟早，母羊最佳初配年龄为 6～8 月龄，体重超过 25 千克；公羊 12～18 月龄，体重超过 35 千克时试配，达到 40 千克以上时正式参配。母羊终年发情，发情周期 19.5±3 天，发情持续期 34±6 小时，妊娠期 148±3 天，产后第一次发情 31±6 天，产配间隔 69±10 天，产羔间隔 219±27 天。一般年产 2 胎，部分 2 年 3 胎，初产羊窝平均产羔率大于 140%，经产羊窝平均产羔率大于 200%，群体平均产羔率为 205.42%。泌乳力强，5 个月泌乳期平均产奶 162.27 千克，乳的品质好，膻味极轻，干物质和乳脂含量较高。

(三)黄淮山羊

黄淮山羊主要产于河南省周口、商丘地区，安徽省和江苏省徐州地区。具有性成熟早，生长发育快，板皮品质优良，四季发情及繁殖率高等特点。

黄淮山羊鼻梁平直，面部微凹，下颌有髯；分有角和无角两个型，有角者公羊角粗大，母羊角细小，向上向后伸展呈镰刀状；胸较深，肋骨拱张，背腰平直，体躯呈桶形；母羊乳房发育良好，呈半圆形；被毛白色，粗短。

黄淮山羊体重 9 月龄公羊平均为 22 千克，母羊为 16 千克；成年公羊平均为 34 千克，母羊为 26 千克。产区习惯于当年生羔羊当年屠宰，肉质细嫩，膻味小；7～10 月龄羯羊宰前体重平均为 21.9 千克，胴体重平均为 10.9 千克，屠宰率平均为 49.77%；成年羯羊宰前体重为 26.32 千克，屠宰率 45.77%。

黄淮山羊性成熟早，一般 4～5 月龄的母羔就能发情配种，常年发情，部分母羊 1 年 2 产或 2 年 3 产；产羔率为 238.66%。黄淮山羊种质特性较好，板皮的质量好，是主要出口物资。

(四)贵州白山羊

贵州白山羊是一个古老的产肉性能好的优良地方山羊品种。产于贵州省东北部的乌江中下游地区，黔东南、黔南少数民族地区亦有分布。产地海拔在 500～1 200 米，山高坡陡，地形复杂，在灌丛草地和疏林草地中放牧，经长期闭锁培育而成。

贵州白山羊头宽额平，公、母羊均有角，有髯，颈部较圆，部分母羊颈下有一对肉垂；胸深，背宽平，体躯呈圆桶状，体长，四肢较矮；毛以白色为主，其次为麻、黑、花色，毛被粗短。

贵州白山羊周岁公、母羊平均体重为 19.6 千克和 18.3 千克，成年公、母羊平均体重分别为 32.8 千克和 30.8 千克。肉质细嫩，肌肉间有脂肪分布，膻味轻；周岁羯羊平均活重 24.11 千克，胴体重 11.45 千克，净肉重 8.83 千克，屠宰率 53.3%，净肉率 36.60%；成年羯羊的上述指标分别为 47.53 千克、23.26 千克、19.02 千克、57.92%和 40.02%。

贵州白山羊性成熟早，母羊初情期为 3～4 月龄，母羔在 5 月龄时即可发情配种，但一般在 7～8 月龄才配种。母羊常年发情，1 年产 2 胎，1～7 胎产羔率逐渐上升，为 124.27%～180.0%，平均产羔率 273.6%。

(五)成都麻羊

成都麻羊产于四川盆地西部的成都平原及邻近的低山丘陵地区，是四川省的一个优良地方山羊品种，具有产肉、产乳性能好，繁殖率高，板皮品质好，适应性强，遗传性稳定等特点。

成都麻羊全身被毛呈棕黄色，光泽好，为短毛型。毛纤维尖端为黑色，中段为棕黄色，基部为黑灰色。由于被毛呈棕黄色而带黑麻色调，故称之为“麻羊”。从两角基部中点至颈背延伸至尾根有一条黑色毛带，与从两侧肩胛经前肢至蹄冠的一条黑色毛带相交，形成明显的“十”字形，公羊较宽，母羊较窄。另外，从两角基部前端，经内眼角沿鼻梁两侧至口角，各有一条纺锤形浅黄色毛带，左右对称，形似画眉鸟状。头部中等大，两耳侧伸，额宽而微突，鼻梁平直，颈部长短适中，公、母羊大多有角，公羊角形粗大，母羊角短小。公羊前胸发达，体躯呈长方形，体态雄健；母羊后躯深广，背腰平直，尻部略斜，乳房发育良好，体型略呈楔状。四肢粗壮，蹄质坚实。

成都麻羊周岁公羊、母羊体重分别为 26.79 千克和 23.14 千克，成年公、母羊平均体重为 43.02 千克和 32.60 千克。该羊生长快，经夏、秋放牧饲养，不喂精饲料，即可达到膘肥体壮。成年羯羊屠宰率、净肉率分别为 54.34%和 37.95%，周岁羯羊分别为 49.66%和 35.07%；成年母羊屠宰率、净肉率各为 48.26%和 32.92%，周岁母羊屠宰率、净肉率各为 52.30%和 37.20%。

成都麻羊泌乳性能好，泌乳期 5～8 个月，可产奶 150～250 千克，乳脂率平均为 6.47%；公羔 8～10 月龄、母羔 8 月龄即可配种，母羊常年发情，发情持续期 2～3 天，妊娠期 146～150 天，产羔率平均为 205.91%。

(六)雷州山羊

雷州山羊原产于广东省雷州半岛和海南省，是我国热带地区以产肉为主培育的优良地方山羊品种。

雷州山羊体型较大，身体结实。头直，额稍凸，公、母羊均有角、有髯。鬐甲稍隆起，背腰平直，臀部多为短狭而倾斜，十字部高，胸稍窄，腹大而下垂。全身被毛短而密，毛色多为黑色，少数羊为麻色及褐色。按体型分成高脚和矮脚两个类型。高脚型体高，腹部紧缩，乳房不够发达，多产单羔，好走动，喜食灌木枝叶；矮脚型体矮，骨细，腹大，乳房发育良好，生长快，多产双羔，放牧时安静，不择食。

该品种羊平均体重：周岁公羊 31.7 千克，周岁母羊为 28.6 千克；2 岁公、母羊分别为 50.0 千克和 43.0 千克；3 岁以上公、母羊则达到 54.0 千克和 47.7 千克；2 岁、3 岁羯羊平均体重分别为 48.0 千克和 50.8 千克。雷州山羊肉质优良，脂肪分布均匀，肥育羯羊无膻味。屠宰率一般在 50%～60%，肥育羯羊可达 70%左右。

雷州山羊性成熟早，一般 3～6 月龄达性成熟，母羊发情周期为 18(15～21)天，发情持续期为 1～2 天，妊娠期为 147(140～151)天。母羊 5～8 月龄即可配种，1 岁时即可产羔；公羊多在 10～11 月龄开始利用。板皮致密、弹性好、皮张大。多数 1 年产 2 胎，少数 2 年产 3 胎，每胎 1～2 羔，多者产 5 羔，一胎产羔率为 150%～200%。

(七)福清山羊

福清山羊是我国亚热带沿海地区产肉性能较好的山羊品种。产于福建省东南部沿海平原地区。福清和平潭两县为产区中心。该羊体格中等，屠宰率高，肉质好，繁殖力强。

福清山羊头略呈三角形，耳薄小，呈青色，公、母羊均有角。胸宽，背平直，公羊前躯发达。四肢细短，蹄黑，尾短上翘。母羊乳房发育良好。毛色为深浅不一的褐色或灰褐色。颜面和鼻梁上部有一略呈三角形的黑毛区，从颈脊开始向后延伸，有一带状黑毛区，称为“乌龙”；四肢、腹部和尻部毛呈黑色，称为“乌肚”。

成年公、母羊平均体重分别为27.9千克和26.0千克，羯羊8月龄体重可达23千克，1岁半可达40.5千克。成年羯羊、母羊屠宰率分别为55.84%和47.67%(带皮)。其肉质细嫩，膻味轻，素有“羊肉之冠”美称。产区群众喜食带皮羊肉。福清山羊性成熟早，3月龄性成熟，5月龄体重达15千克以上即可配种。母羊发情周期为20天，发情持续期为2天左右，1年可产2胎或2年3胎，一胎产羔率为179.61%。

(八)隆林山羊

隆林山羊主要产于广西壮族自治区隆林各族自治县，中心产区在该县的德峨、蛇场、克长等地。隆林山羊主要供肉用，具有一般肉用山羊的体型，但母羊后躯比较宽大，乳房比较发达，乳头也较粗长，略呈乳用体型。

隆林山羊体格健壮、结构匀称、身长体大，体躯近似长方形，肋骨弓张良好，后躯比前躯略高。头大小适中，母羊鼻梁较平直，公羊鼻梁稍隆起。公、母羊均有须髯，耳朵大小适中，耳根较厚，耳尖较薄。公、母羊均有角，幼龄时角呈圆形，成年后略呈扁形，并向上向后向外呈半螺旋状弯曲，也有少数呈螺旋状弯曲的。角有黑色、石膏色两种，即毛色白的羊角呈石膏色，其他毛色的羊角呈黑色。颈粗细适中，公羊颈略粗于母羊，少数羊的颈下有肉垂。四肢粗壮，肌肉发达，蹄色和角色基本一致。由于未经严格选育，毛色较杂，有白色、黑色、黑白花及褐色等。隆林山羊的腹下和四肢上部的被毛较粗长，这是与广西其他品种山羊的主要区别之一。

隆林山羊体重羔羊初生平均体重为2.19千克；6月龄育成公羊为21.05千克；母羊为17.06千克；周岁母羊为27.8千克。成年公羊平均体重为52.5千克，成年母羊为40.29千克，成年阉羊为72千克。成年公羊体高约66厘米，母羊约63厘米，阉羊约72厘米，公羊的体长比体高大20%，阉羊的体长比体高大14.6%，母羊的体长仅大于体高10%。

隆林山羊肌肉丰满，胴体脂肪分布均匀，肉质嫩而味美，肌纤维细致，极少膻味，如烹调得法则毫无膻味。成年公羊的屠宰率达53.37%，阉羊57.83%，成年母羊46.64%；8月龄公羊48.64%，母羊46.13%。

隆林山羊性成熟年龄一般在5月龄左右，母羊一般到8月龄即开始配种，小公羊正式被利用配种多在9月龄左右。母羊发情周期一般为21天，也有较短或较长的。发情持续期多数为2～3天。妊娠期一般为150天左右。利用年限，公羊一般5年左右(2～6岁内使用效果较好)，母羊则为8～10年。隆林山羊的繁殖性能较强。在一般农户粗放的饲养管理条件下，年平均繁殖力为1.66胎；平均产羔率为195.18%，大部分母羊产双羔，也有产3羔和4羔的。

(九)都安山羊

都安山羊产于广西壮族自治区都安瑶族自治县，分布于该县周边的马山、大化、巴马、东兰、平果、河池、忻城等县，是我国南方喀斯特山区的一个肉用山羊品种。

都安山羊肉质细嫩，营养丰富，板皮轻韧，抗病力强，行动敏捷，善于爬高山攀悬崖，很适应南方高温多雨的山地环境，毛色黑色、麻色，也有白色和黑白花色，周岁龄体重25千克左右，成年羊体重达40～50千克，屠宰率为39.0%～49.5%。

(十)长江三角洲白山羊

长江三角洲白山羊原产于我国东部沿海之滨的长江三角洲地带，分布于江苏省的南通、扬州、苏州、镇江，浙江省的嘉兴、杭州、宁波、绍兴地区和上海市郊县。

长江三角洲白山羊体型中等偏下，头呈三角形，面微凹，公、母羊均有角，角型大多向后上方倾斜呈“八”字形，公羊角粗，母羊角细短。前躯较窄，后躯丰满，背腰平直。全身被毛短而直，公羊额部有绺毛，肩胛前缘、颈和背部毛较长，富光泽。

长江三角洲白山羊成年公、母羊平均体重分别为 28.58 千克和 18.43 千克。成年羊屠宰率（连皮）45.9％。性成熟早，繁殖力强，母羊在 6～8 月龄，公羊在 8～10 月龄可初配。母羊大多在春、秋两季发情，妊娠期为 145～148 天，2 年产 3 胎，头胎一般产羔 1～2 只，2 胎以上每胎产羔 2～3 只，多的达 4～6 只，年产羔率 228.5％。产区群众喜欢吃山羊肉，而且以连皮吃者居多，羊肉细腻，味鲜美，连皮屠宰率 1 岁羊为 48.65％，2 岁羊为 51.70％。

第三章 羊场建设及圈养设施

良好的养殖环境是实现肉用山羊高效养殖的基础条件。而圈养设施与设备是山羊生活的主要条件之一，也是山羊舍饲养殖成败的重要因素。南方地区气候炎热、多雨潮湿，羊舍内要求通风、干爽、冬暖夏凉，这是山羊圈养的关键。要充分发挥羊只的生产性能，要求在羊场规划、羊舍结构、设施配套等方面力求完善，在羊场规模设计、基础建设方面应考虑充分满足羊只的生理和生长的需要。

一、羊场建设

（一）场址选择

羊场场址的选择除考虑饲养规模外，应符合当地土地利用规划的要求，充分考虑羊场的饲草料条件，还要符合肉羊的生活习性及当地的社会条件和自然条件。较为理想的场址应具备以下基本条件：

1. 地势 建造羊舍的场地，应地势较高，透水透气性强、地下水位低于1.5米的沙质土壤，且舍外运动场具有5°～10°的小坡度。在山区则应选择背风向阳、面积较宽敞的缓坡地建场。凡低洼、山谷、背阴的地方都不宜选建羊场。

2. 水质 选择场址前，应考察当地有关地表水、地下水资源的情况，了解是否有因水质问题而出现过某种地方性疾病。另外，在羊场附近是否有屠宰场和排放污水的工厂，尽可能建场于工厂和城镇上游，以保持水质洁净。水中的大肠杆菌数、固体物总量、硝酸盐和亚硝酸盐的总含量都要符合卫生标准。

3. 交通 舍饲肥育羊场大多数设在农区、半农半牧区，要求交通方便，便于饲草运输，但同时又不能在车站码头或交通要道的旁边建场。肉羊场周围3千米以内无大型化工厂、采矿厂、皮革厂、肉品加工厂、屠宰厂等污染源。羊场距离公路干线、铁路、城镇居民区和公共场所要在1千米以上，远离高压线。羊场周围有围墙或防疫沟，并建立绿化隔离带。

4. 防疫 不在传染病和寄生虫流行的疫区建场，羊场周围的居民和牲畜应尽量少些，以便一旦发生疫情时方便进行隔离封锁。

(二)羊场基本设施

根据羊场的规模大小及生产性质，羊场的基本设施包括：羊舍、运动场、牧草地、饲料加工机房、氨化(青贮)池、兽医化验诊断室、防疫消毒池、动物尸体及粪便无害化处理设施、围栏设施、饲料仓库、办公场所等。

(三)羊场布局规划

1. 羊场布局原则 羊场布局，不仅要符合防疫卫生和消防要求，而且要节约投资，方便管理，省时省工，有利于提高劳动生产率。羊场的布局应符合下列几条原则：

一是羊舍及各种建筑物的布局不仅要合理配置，符合长远规划的要求，而且要方便管理，有利于整体工作效率的提高。力求最短的运输、供电、供水系统。

二是在布局时要充分考虑主导风向与各区间的上下游关系，以利于做好防疫灭病工作，严防疫病的发生和传播。

三是羊场的布局要符合作业流程，即羊的饲养管理与繁殖，羔羊的培育，肥育羊群的饲养管理，饲料的运输、贮存、加工、调制、分发，羊舍清扫、粪尿清除、疫病防治等环节流转顺畅，减少无谓的劳动消耗。

四是合理利用地形、风向和光照，充分利用平缓的坡地，不仅少占用耕地，而且排水迅速，能保持羊舍干燥。在寒冷地区，羊舍应避开主风向口，尽量缩小迎风面；在炎热地区，应充分利用主风向，进行通风降温。羊舍应坐北朝南，便于采光保温。

五是投资最省，要求就地取材，降低工程造价和设备投资，便于施工，且符合消防规定。

2. 具体布局安排 羊场一般分生活区、管理区、生产区和病羊隔离区、粪污处理区。

(1)生活区 包括职工住宅、娱乐、餐饮、保健等设施。生活区应在羊场上风口和地势较高地段，并与生产区保持100米以上距离。

(2)管理区 包括办公室、财务室、接待室、档案资料室、活动室、试验室等。管理区和生产区严格分开，保持50米以上距离。

(3)生产区与生产辅助区 生产区主要包括羊舍、运动场等，应设在场区地势较低的位置，尽量防止场外人员和车辆直接进入生产区。各羊舍之间保持适当距离，以便防疫和防火。生产辅助区包括饲料库、饲料加工车间、青贮池、机械车辆库、采精授精室、液氮生产车间、干草棚等。饲料库、干草棚、加工车间和青贮池，离羊舍要近一些，位置要适中，便于运送草料，减少劳动强度。但必须防止羊舍和运动场因污水渗入而污染草料。所以一般都应建在地势较高的地方。

生产区和辅助生产区要用围栏或围墙与外界隔离。大门口设立门卫传达室、消毒室、更衣室和车辆消毒池，严禁非生产人员出入场内。出入人员和车辆必须经消毒室或消毒池进行消毒。

(4)病羊隔离与粪污处理区 包括兽医诊疗室、病羊隔离舍、病尸处理间、粪污堆积处理场。此区设在下风口，地势较低处，应与生产区距离100米以上。病羊应便于隔离，并设有单独通道，便于消毒和污染物的处理等。

为了保护生态环境，增加能量来源，提高有机肥效，在养羊场内配套建设沼气池，利用羊场漏缝地面的坡度，将羊粪出口直接与沼气池进料口相连。按沼气池的建设标准和工艺配备相应的器材，使粪便实现无害化处理和资源化利用，提高羊场的综合效益。按每100只羊建8～10立方米沼气池，即能满足羊场粪污处理的需要。一般沼气池的外形呈圆筒形，主要由进料管（口）、发酵间、贮气室、出料管（口）、水压间、活动盖和导气管等组成。粪便经过发酵处理后达到无害化的排放，沼渣、沼液可以用作农作物的肥料，还可以当作饲料饲喂家畜、家禽和水产动物，保护环境。

（四）场内主要建筑物

羊场的主要建筑物有羊舍、病羊舍、饲料库、饲料加工间、兽医室、车库、办公室、生活用房等（图3-1）。羊舍又可分为种羊舍、母羊舍、育成羊舍、肥育羊舍、产羔羊舍等。

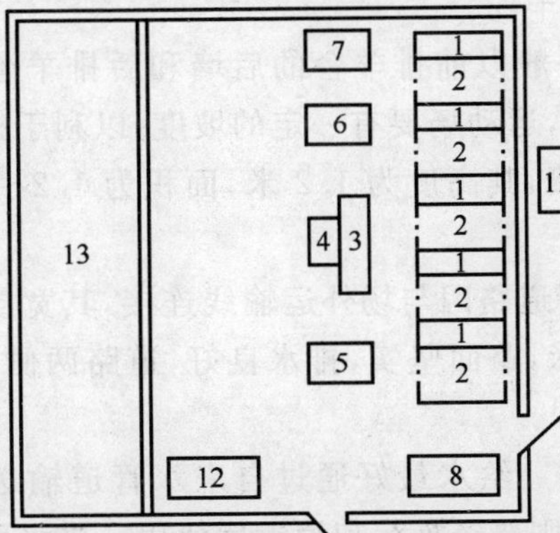

图3-1 小型肉羊场主要建筑物布局平面示意图

1. 羊舍 2. 运动场 3. 饲料调制间 4. 粗料库 5. 精料库 6. 青贮及氨化池 7. 农副产品饲料堆放处 8. 干草棚 9. 兽医室 10. 病养舍 11. 贮粪场 12. 车库 13. 行政生活区

1. 羊舍 应建于羊场中心，呈平行整齐排列，如栋数少可呈一列排列，栋数多则两列配置，羊舍之间相距10～12米，以方便运输，利于通风采光。各羊舍之间保持适当距离，以便防疫和防火。

2. 饲料加工间 应建在饲料仓库旁边，且靠近羊舍，最好设于各羊舍的中间位置，并靠近大门，以方便车辆运输。

3. 产房 应设在靠近母羊舍的下风处，或者在成年母羊舍内隔出产房。

4. 青贮窖 应设在成年羊舍旁，以便于取料；而干草棚应建在距羊舍较远处，以利于防火防尘。

5. 贮粪场 与住宅相距200米、与羊舍相距100米以上，且便于运往农田用作肥料。当羊舍呈一列布局时，只需在与饲料加工调制间相对一侧设1个贮粪场；羊舍呈两列布局时，应设置2个，并分别位于羊舍较远一端的中部，以保证运输距离短，不与运饲料道交叉。

6. 生活行政区 应位于羊场的上风向，设在大门口或场外，以防人畜随意进入羊场。

7. 运动场 一般以前排羊舍的后墙和后排羊舍的前墙之间的空地作为运动场，运动场要有一定的坡度，以利于排水和保持干燥，四周设围栏或墙，其高度为1.2米，面积为1.2～1.5平方米/只。

8. 路道 主干道路因与场外运输线连接，其宽度为5～6米，支干道为2.5～3米，路面坚实，排水良好，道路两侧有排水沟，并植树，以绿化环境。

9. 给排水设施 给水最好通过自来水管道输送到羊场各个地方，如打井供水，则要经沉淀和消毒后使用。排水系统多设在道路的两旁，一般用大口径暗管道埋于冻土层以下，以免受冻阻塞。如果排水管长达200米以上，要增设沉淀井，以减少污物积存。

10. 围墙等设施 羊场四周应建有围墙或坚固的防疫沟，以防外来人员及其他动物进入场内。羊场大门口及各羊舍入口处，应设立消毒池或消毒室、更衣室等。

11. 绿化带 具有美化环境、改善场区小气候、净化空气、减少尘埃和噪声的作用，在场周边种植乔木和灌木混合林带。各区之间也可设置隔离林带。

二、羊舍建筑

(一)羊舍建筑的基本要求

羊舍是供羊休息、生活的地方。羊舍条件的好坏直接影响着羊群的健康生长发育。因此,发展养羊生产,必须科学地修建好羊舍。

1. 选择合适的舍址 羊舍应位于地势高燥,避风向阳,接近放牧地、饲料地和清洁水源的地方,同时应处于生活区的下风向处和天然水源的下游。其要求是:通风良好,防热降暑,冬季保温,春季防潮,造价低,经久耐用。羊舍朝向宜坐北朝南,坡度15°～16°,避风向阳。

2. 有足够的面积 羊舍面积要满足各类羊只的需要,以利于保持舍内干燥、空气新鲜和达到夏季防暑、冬季保温的目的。以舍饲为主的饲养方式,要保证足够的运动场地。通常建筑面积按种公羊每只4～6平方米,成年母羊每只1～1.2平方米,青年羊每只0.9平方米,公、母羔羊每只0.3～0.4平方米的标准确定。运动场面积一般为羊舍面积的2～2.5倍。在母羊舍内要设产房,增加保暖设备,使产房保持一定温度。产房面积可根据母羊群大小而定,在冬季产羔情况下,产房占羊舍面积的20%左右。

3. 保证一定的高度 南方地区羊舍应适当高一些,以利于通风降温。一般不低于2.8米。单坡式羊舍后墙高约2.1米。为防潮并防止寄生虫病的传播,宜设漏缝地板,即用厚3.8厘米以上、宽6～8厘米的水泥条或木条等筑成,间距1.5～2.0厘米。

4. 门窗、地面及通风设施要适宜 以有利于舍内保温、采光、通风、防暑、排除有害气体为原则。第一,舍门的大小以羊能顺利通行为宜,门高1.8米,门宽视群体规模而定,大群饲养时为2.5～

3 米，小群饲养时为 1.5～1.8 米。第二，窗户面积一般占地面面积的 1/15～1/10，下缘距地面高度 1.2～1.5 米。第三，舍内地面要高出舍外 30 厘米以上，最好用石灰和土以 1∶1 混合，向外铺成斜坡，以利于排水。饲料间、人工授精室、产羔室可用水泥地面。寒冷地区可用砖地面或木地面。南方楼式羊舍楼台或平铺的羊床，可用竹片、木条等制作，其间隙为 1.0～1.5 厘米。第四，运动场墙体最好为通风花墙。第五，有条件的场可在舍顶安装调节气窗，以免冬春季贼风侵袭。安装通风装置要满足每只羊每小时 30～40 立方米新鲜空气的需要量。

5. 建筑材料经济耐用　羊舍修建应本着造价低、经久耐用的原则，就地取材，减少原料购进费用，降低建筑成本。条件许可时，应利用砖瓦、石材、水泥、木材、钢筋、竹子等材料建造永久性羊舍，这种羊舍使用年限长，维修费用少，较为经济。

（二）羊舍的类型

南方气候夏热冬不冷，圈舍环境主要考虑防暑降温。羊舍类型一般多采用敞开式羊舍、凉棚式羊舍、楼式羊舍、吊楼式羊舍，满足夏季通风良好，冬季舍内温度和舍外温度差异不大的要求。建筑永久性羊舍，要求上有屋顶，三面有墙，向阳面是半堵墙即可。大群山羊养殖户可建羊棚，要求防晒、避雨，建筑上有顶棚，四周敞开，空气流通。

1. 半开放式双列式羊舍　双坡式屋顶，舍内设置为通圈，用移动式栅栏调节圈舍面积，下铺拼装式漏缝地板，可定期启开清扫和消毒。漏缝地板下地面为斜坡式，便于定期冲洗打扫，减轻操作人员的劳动强度，提高劳动效率。羊舍两侧设置运动场。这种羊舍造价较高，但舍内环境控制效果好（图 3-2）。

2. 敞开式羊舍　为南方较温暖地区常采用的形式。羊舍三面有墙，一面无墙，有顶盖，无墙的一面向运动场敞开。其特点是有一定的保温效果，通风良好，采光好。

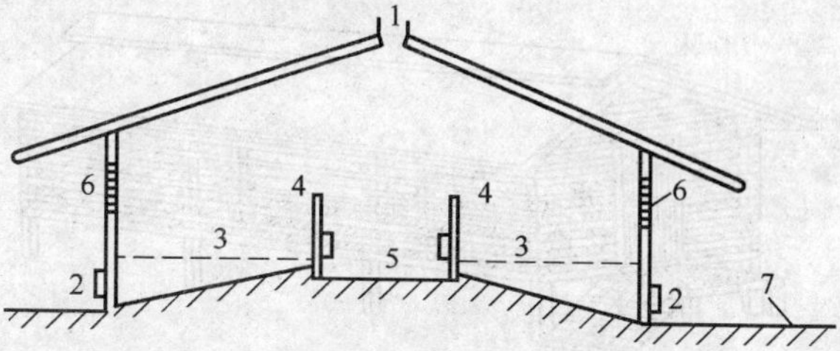

图 3-2　半开放式双列式羊舍示意图

1. 排气孔　2. 排污孔　3. 漏缝地板　4. 羊栏、饲槽
5. 饲喂通道　6. 窗户　7. 运动场

3. 凉棚式羊舍　为南方热带地区所采用的羊舍和放牧时羊午间休息的场所。羊舍四周敞开,只设置圈栏,上有棚顶。其特点是通风性能好,适应特定地区的气候环境。

4. 楼式羊舍　为炎热、潮湿地区所采用的形式(图 3-3)。楼台为半敞开式,双坡式屋顶,跨度 6 米,南北两面(或四面)墙高 1.5 米,冬季寒冷时用草帘、竹篱笆、塑料布或编织布将上墙面围住保暖。圈底距地面高 1.3～1.8 米,用水泥漏缝预制件或木条铺设,缝隙 1.5～2.0 厘米,以便于粪尿漏下,清洁卫生,无粪尿污染,且通风良好,防暑、防潮性能好。漏缝地板下做成斜坡形的积粪面和排尿水沟,并且积粪面纵向也做成波浪形,以利于粪尿的清洁和收集,节约用水。运动场在羊舍的南面,面积为羊舍的 2～2.5 倍,运动场围栏高 1.3 米。楼梯设在南面或侧面的山墙处。运动场内的设置与敞开式羊舍相同。羊舍围栏墙外侧设置饲草栏,以便在下雨天气及夜间补饲用。在炎热、潮湿的平原地区,羊舍主要以避雨防暑降温为主,适合修建此类楼式羊舍。建筑材料可用砖、木板、木条、竹竿、竹片或金属材料等。

5. 吊楼式羊舍　南方草山草坡较多,为了方便羊群采食,可就近借助缓坡(坡度在 20°左右)修建羊舍,羊舍距地面高度为 1.2 米,建成吊楼,双坡式屋顶,羊舍南面或南北面做成 1 米左右高的墙,舍门宽 1.5～2 米,木条漏缝地板或水泥预制件铺设,缝隙

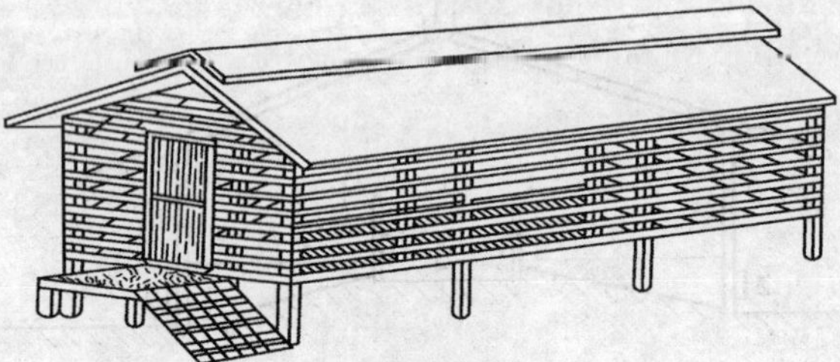

a.无墙楼式羊舍

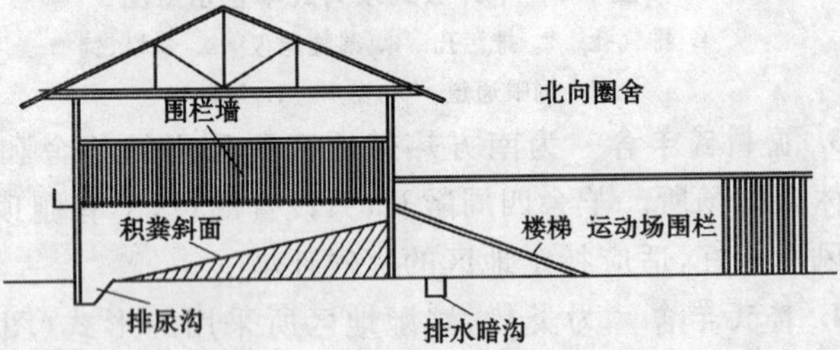

b.北向圈舍型楼式羊舍

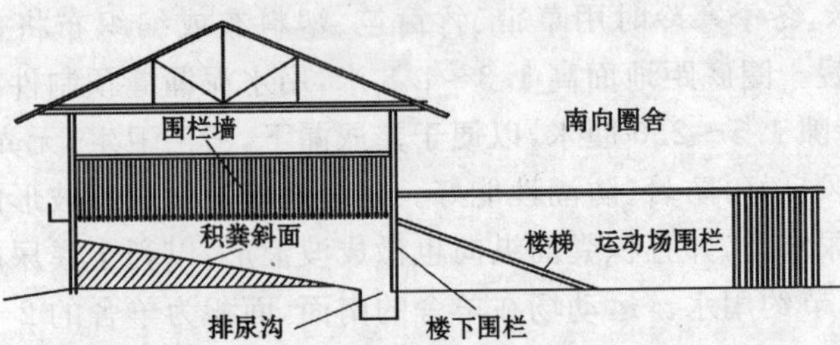

c.南向圈舍型楼式羊舍

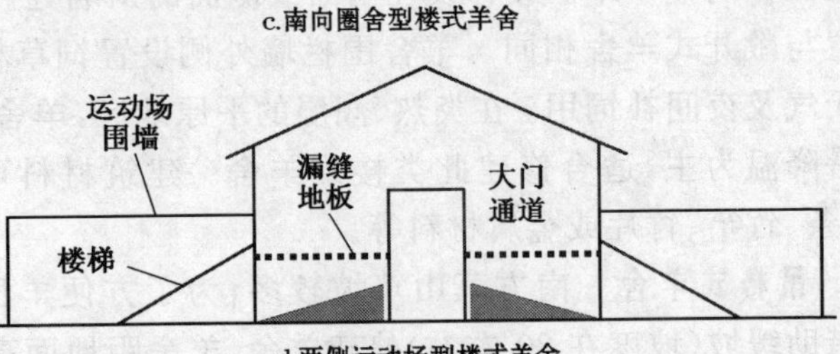

d.两侧运动场型楼式羊舍

图 3-3　楼式羊舍示意图

1.5～2.0 厘米，便于粪尿漏下。羊舍南面设运动场，用于羊只补饲和活动，运动场内的设置与敞开式羊舍相同。由于羊舍背依山坡，因而要修建排水沟，保证山坡流水通畅，防止雨水冲毁羊舍。这种羊舍通风、防潮、避暑，清洁卫生，无粪尿污染，结构简单（图3-4）。

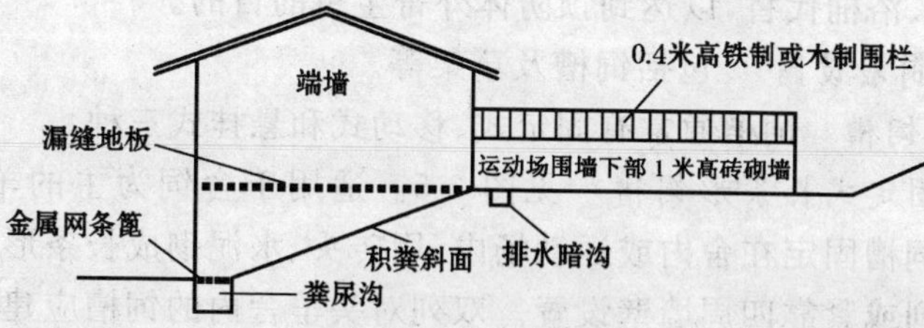

a.单向运动场型吊楼式羊舍

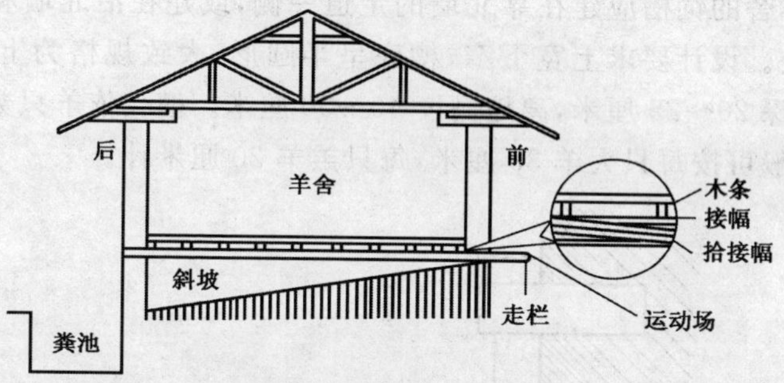

b.吊楼式羊舍侧剖面

图 3-4　吊楼式羊舍示意图

三、羊场设施与设备

（一）羊场设施

1. 药浴设施　在羊场内选择适当地点修建药浴池。药浴池一般深不少于1米，长8～15米，池底宽0.3～0.6米，上宽0.6～1米，以1只羊能通过而转不过身为度，入口一端是陡坡，出口一端筑成台阶以便羊只攀登，出口端并设有滴流台，羊出浴后在羊栏内停留一段时间，使身上多余的药液流回池内。药浴池一般为长方形，似一条狭而深的水沟，用水泥筑成。小型羊场或农户可用浴槽、浴缸、浴桶代替，以达到预防体外寄生虫的目的。

2. 饲喂设施 包括饲槽及草架等。

(1)**饲槽** 饲槽通常有固定式、移动式和悬挂式三种。

①**固定式长条形饲槽** 见图3-5。适用于舍饲为主的羊舍。一般将饲槽固定在舍内或运动场内，用砖头、水泥砌成长条形。可平行排列或紧靠四周墙壁设置。双列对头羊舍内的饲槽应建于中间走道两侧，而双列对尾羊舍的饲槽则设在靠窗户走道一侧。单列式羊舍的饲槽应建在靠北墙的走道一侧，或建在沿北墙和东西墙根处。设计要求上宽下窄，槽底呈半圆形，大致规格为上宽50厘米，深20～25厘米，离地高度40～50厘米。槽长依羊只数量而定，一般可按每只大羊30厘米，每只羔羊20厘米计。

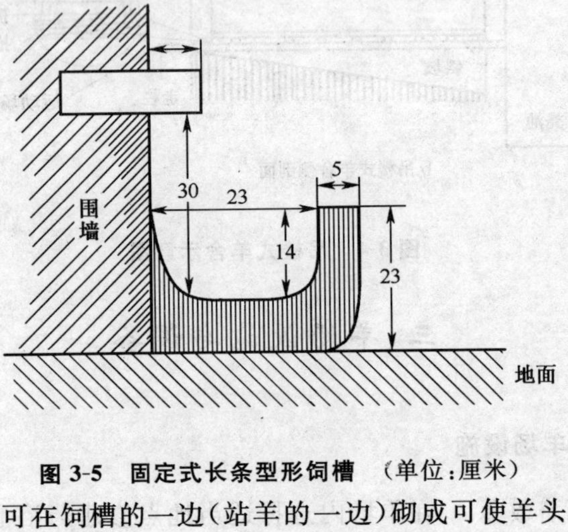

图3-5 固定式长条型形饲槽 (单位:厘米)

另外，可在饲槽的一边(站羊的一边)砌成可使羊头进入的带孔砖墙，或用木头做成带孔的栅栏。孔的大小依据羊有角与无角可安装活动的栏孔，大小可以调节。防止羊只践踩饲槽，确保饲槽饲料的卫生。

②固定式圆形饲槽　适合于去角的山羊。食槽中央砌成圆锥形体，饲槽围圆锥体绕一周，在槽外沿砌一带有采食孔、高50～70厘米的砖墙，可使羊分散在槽外四周采食。

③移动式长条形饲槽　见图3-6。主要用于冬春舍饲期妊娠母羊、泌乳母羊、羔羊、育成羊和病弱羊的补饲。常用厚木板钉成或镀锌铁皮制成，制作简单，搬动方便，尺寸可大可小，视补饲羊只的多少而定。为防羊只践踩或踏翻饲槽，可在饲槽两端安装临时性的能随时装拆的固定架。

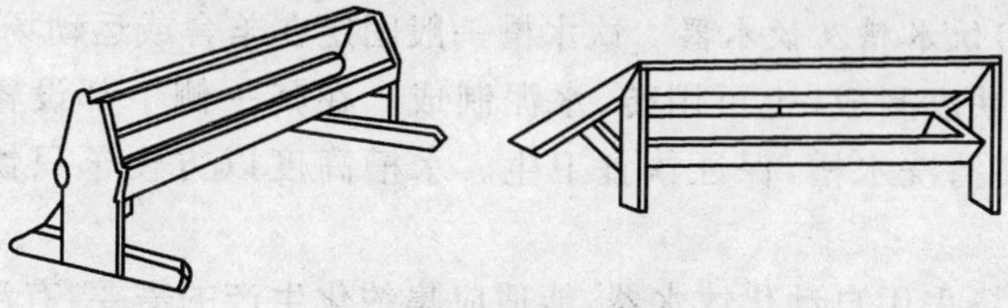

图3-6　移动式长条形饲槽

④悬挂式饲槽　适于断奶前羔羊补饲用。制作时可将长方形饲槽两端的木板改为高出缘槽约30厘米的长方形木板，在上面各开一个圆孔，从两孔中插入一根圆木棍，用绳索拴牢于圆木棍两端后，将饲槽悬挂于羊舍补饲栏上方，离地高度以羔羊采食方便为准。

(2)草架　山羊爱清洁，喜吃干净饲草，利用草架喂羊，可防止羊践踏饲草，减少浪费。还可减少羊只感染寄生虫病的机会。草架的形式有靠墙固定的单面草架和安放在饲喂场的双面草架，其形状有三角形、U形、长方形等(图3-7)。草架隔栅间距为9～10厘米，有时为了让羊头伸入栅内采食，可放宽至15～20厘米。草架的长度，按成年羊每只30～50厘米、羔羊20～30厘米计算。制作材料为木材、钢筋。舍饲时可在运动场内用砖石、水泥砌槽，钢筋作栅栏，兼作饲草、饲料两用槽。

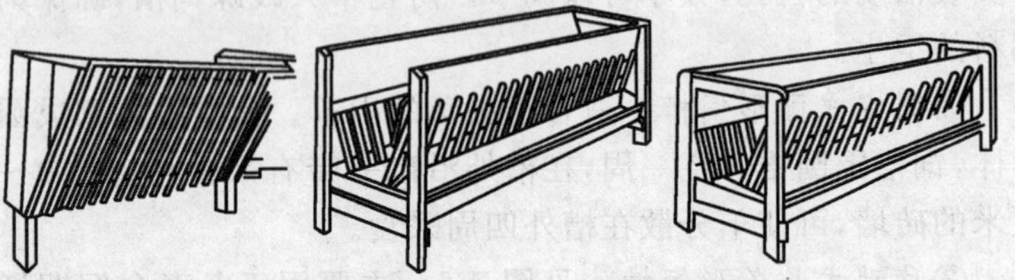

图 3-7　固定与移动式草架

(3)羔羊哺乳饲槽　这种饲槽是做成一个圆形铁架，用钢筋焊接成圆孔架，每个饲槽一般有 10 个圆形孔，每个孔放置搪瓷碗 1 个，适宜于哺乳期羔羊的哺乳。

(4)饮水槽及饮水器　饮水槽一般固定在羊舍或运动场上，可用镀锌铁皮制成，也可用砖、水泥制成。在其一侧下部设置排水口，以便清洗水槽，保证饮食卫生。水槽高度以方便羊只饮水为宜。

羊场采用自动化饮水器，能适应集约化生产的需要，有浮子式和真空泵式两种，其原理是通过浮子的升降或真空调节器来控制饮水器中的水位，达到自动饮水的效果。浮子式自动饮水器，具有一个饮水槽，在饮水槽的侧壁后上部安装有一个前端带浮子的球阀调整器。使用中通过球阀调整器的控制，可保持饮水器内的盛水始终处在一定的水位，羊通过饮水器饮水，球阀则不断进行补充，使饮水器中的水质始终保持新鲜清洁。其优点是羊只饮水方便，减少水资源的浪费，可保持圈舍干燥卫生，减少各种疾病的发生。羊用碗式饮水器每 3 米安装 1 个。

3. 栅栏　种类有母仔栏、羔羊补饲栏、分群栏、活动围栏等。可用木条、木板、钢筋、铁丝网等材料制成，一般高 1.0 米，长 1.2 米、1.5 米、2.0 米、3.0 米不等。栏的两侧或四角装有挂钩和插销，折叠式围栏，中间以铰链相连。

(1)母仔栏　为便于母羊产羔和羔羊吃奶，应在羊舍一角用栅栏将母仔围在一起。可用几块各长 1.2 米或 1.5 米、高 1 米的栅栏或栅板做成折叠式围栏(图 3-8)。一个羊舍内可隔出若干小栏。每栏供一只母羊及其羔羊使用。

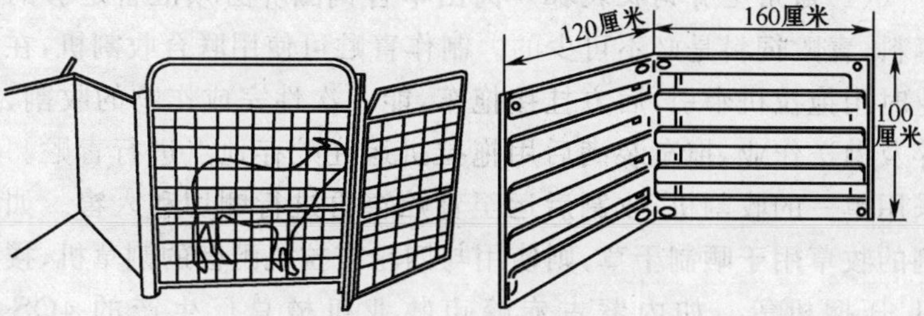

图 3-8　折叠式围栏

(2)羔羊补饲栏　用于羔羊的补饲。将栅栏、栅板或网栏在羊舍、补饲场内靠墙围成小栏,栏上设有小门,羔羊能自由进出,而母羊不能进入。

(3)分群栏　由许多栅栏连结而成,用于规模肉羊场进行羊只鉴定、分群、称重、防疫、驱虫等事项,可大大提高工作效率。在分群时,用栅栏在羊群入口处围成一个喇叭口,中部为一条比羊体稍宽的狭长通道,通道的一侧或两侧可设置 3～4 个带活动门的羊圈,这样就可以顺利分群,进行有关操作。

(4)活动围栏　用若干活动围栏可围成圆形、方形或长方形活动羊圈,适用于放牧羊群的管理。

(5)磅秤及羊笼　肉羊场为了解饲养管理情况,掌握羊只生长发育动态,需要经常地定期称测羊只体重。因此,羊场应设置小型地磅秤或普通杆秤(大型羊场应设置大地磅秤)。磅秤上安置长 1.4 米,宽 0.6 米,高 1.2 米的长方形竹、木或钢筋制羊笼,羊笼两端安置进、出活动门,这样,再利用多用途栅栏围成连接到羊舍的分群栏,把安置羊笼的地秤置于分群栏的通道入口处,可减少抓羊时的劳动强度,方便称量羊只体重。

(二)羊场机械设备

1. 饲草收获机械

(1)通用型青饲收获机　肉山羊舍饲圈养必须准备足够的饲草料，青贮饲料是必不可少的。制作青贮可使用联合收割机，在作业时用拖拉机牵引，后方挂接拖车，能一次性完成作物的收割、切碎及抛送作业，拖车装满后用拖拉机运往贮存地点进行青贮。如采用单一的收割机，收割后运至青贮窖再进行铡切和入窖。如收割的牧草用于晒制干草，则使用与四轮拖拉机配套的割草机、搂草机、压捆机等。如内蒙古赤峰市牧业机械总厂生产的4QS-2、9QS-5、9QS-10等型号通用式青饲料收获机，可满足羊场的饲草收获的需求，大大提高青贮等饲料制作的效率和质量。

(2)玉米收获机　能一次完成玉米摘穗、剥皮、果穗收集、茎叶切碎及装车作业，拖车装满后运往青贮地点贮存。代表产品有北京市联合收获机总厂生产的4YZ-4自走式玉米收获机，以及河北石家庄万通机械制造有限公司生产的富源牌4YW-Q型全幅玉米收获机。

(3)割草机　收割牧草的专用设备，分为往复式割草机和旋转式割草机两种。割下的牧草应连续而均匀地铺放，尽量减少机器对其的碾压、翻动和打击。如92GQJ-2.1牵引胶轮割草机。

(4)搂草机　按搂成的草条方向分成横向和侧向两种类型。横向搂草机操作简便，但搂成的草条不整齐，损失较大；侧向搂草机结构较复杂，搂成的草整齐，损失小，并能与捡拾作业相配套。如92LZ3.0指盘搂草机。

(5)压捆机　分为固定式和捡拾捆机两种类型。按压成的草捆密度也可分为高密度(200～300千克/立方米)、中密度(100～200千克/立方米)、低密度(100千克/立方米以下)压捆机。其作用是将散乱的牧草和秸秆压成捆，方便贮存和运输。例如，内蒙古宝昌牧业机械厂生产的9KJ-1.4A型方捆捡拾机，草捆密度100～

180 千克/立方米；内蒙古牙克石林业机械厂生产的 92FY-300 型高密度捆草机，草捆密度可达 300 千克/立方米。

2. 饲草料加工机械

(1)铡草机　又称切草机。其作用是将牧草、秸秆等切短，便于青贮和利用。大、中型机一般采用圆盘式，小型多为滚筒式。小型铡草机适宜小规模养殖户使用，主要用来铡切干秸秆，也可铡切青贮料；中型铡草机可铡干秸秆与青贮料两用，故又称为秸秆青贮饲料切碎机。各地生产的铡草机型号有 9ZP-4.0、9ZP-1.6、PCC-60、9ZP-1、93ZP-1000、93ZT-1000 等。

(2)粉碎机　主要有锤片式、劲锤式、爪片式和对辊式四种类型。粉碎饲料的含水量不宜超过 15%，喂入量较适宜。其型号有很多种。如富田牌 93RF-50 型多功能揉草粉碎机。

(3)揉碎机　揉碎是介于铡切与粉碎之间的一种新型加工方式。秸秆尤其是玉米秸秆，经揉搓后被加工成丝状，完全破坏了其结节的结构，并被切成 8～10 厘米的碎段，使适口性改进。如辽宁凤城东风机械厂生产的 93RC-40 秸秆揉搓机，北京市林海农牧机械厂生产的 9RC-40 粗饲料揉碎机。

(4)压块机　秸秆和干草经粉碎后送至缓冲仓，由螺旋输送机排至定量输送机，再由定量输送机、化学添加剂装置、精饲料添加装置完成配料作业，通过各自的输送装置送到连续混合机。同时加入适量的水和蒸汽，混匀后进入压块机成形。压制后的草块堆集密度可达 300～400 千克/立方米，可使山羊采食速度提高 30%以上。广东华达机器厂生产的压块成套设备可压制出 25 毫米×25 毫米和 30 毫米×30 毫米的方形断面草块，以及直径 8～30 毫米的圆柱形草块。

(5)制粒设备　秸秆经粉碎后，通过制粒设备，加入精饲料和添加剂，可制成全价颗粒料。这种颗粒料营养全价，适口性好，采食时间短，浪费少，但加工费贵。全套制粒设备包括粉碎机、附加物添加装置、搅拌机、蒸汽锅炉、压粒机、冷却装置、碎粒去除和筛粉装置。

(6)烟化机　多用于淀粉尿素烟化。把经混合后的原料送到挤压烟化机内，加工成烟化颗粒，然后干燥粉碎。成套设备包括粉碎机、混合机、挤压烟化机、干燥设备、输送设备等。如 YZ-Q 型烟化机，生产量 100 千克/小时，主轴速度 432 转/分，动力为 4.5 千瓦电动机，适合中小型肉羊场使用。

(7)袋装青贮装填机　将切碎机与装填机组合在一起，操作灵活方便，适用于牧草、饲料作物、作物秸秆等青饲料的青贮和半干青贮，青贮袋为无毒塑料制成，重复使用率为 70%。这种装填机尤其适用于潮湿多雨地区。中国农业科学院草原研究所生产的 9DT-1.0 型袋装青贮装填机，每小时产 20 袋，50 千克/袋。

3. 消防设备　对于具有一定规模的羊场，应加强防火意识。必须备足消防器材和完善消防设施，如灭火器、消防水龙头或水池、大水缸等。

4. 环保设施　羊场建设中还应重点考虑避免粪尿、垃圾、动物尸体及医用废弃物对周围环境的污染，特别是避免对水源的污染，以免危胁人类健康。场内应设有粪尿、污水、动物尸体和医用废弃物处理设施。如沼气池及焚烧炉等。

(三)羊场附属建筑与设施

1. 兽医室　规模较大的肉羊场应建立兽医室。兽医室应建在行政办公区附近，离羊舍较远的地方。配备常用的消毒、诊断、手术、注射、喷雾器械和药品。室外装有保定架。

2. 人工授精室　包括采精室、精液处理室、输精室，其面积分别为 8～12 平方米、10～12 平方米、20～25 平方米，室内光线好，空气新鲜，水泥地面(图 3-9)。配齐所需的药品和器械。

3. 饲料仓库　用于贮存精饲料原料、混合精饲料、预混料和添加剂，要求仓内通风性能好，防鼠防雀，保持清洁干燥。

4. 干草棚　用来贮存干饲草。应建于高燥之地，远离居民

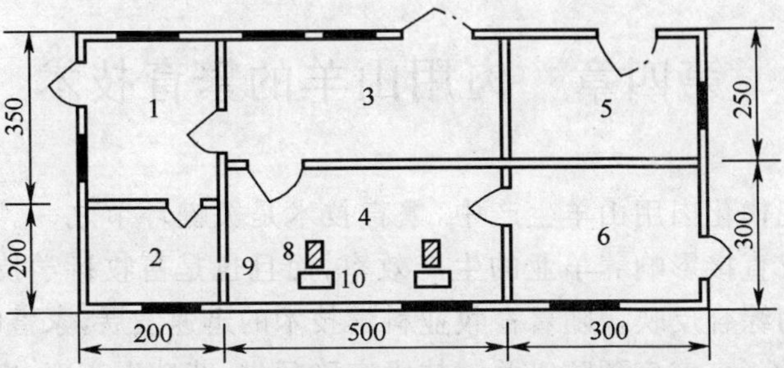

图 3-9 人工授精站平面图 （单位:厘米）

1. 采精室 2. 精液检查室 3. 输精等待室
4. 输精室 5. 贮藏室 6. 已输精母羊室 7. 公羊圈 8. 输精架
9. 送精窗口 10. 输精坑

点,并设有排水道。可建成简易羊舍式,三面有围墙,前面为半截墙敞口,以达到防潮湿、防雨雪、防火的目的。

5. 青贮设施 包括青贮窖、青贮壕、青贮塔,是制作青贮饲料的设施。青贮能有效地保存青饲料的养分,改善饲料的适口性,解决冬春草料的不足,取用饲喂方便。应建于地势干燥、地下水位低、排水良好的地方。规模大的羊场可建青贮塔、地上青贮壕等,规模小的场可建青贮窖或用塑料袋青贮。地上青贮壕的一般规格为:人工操作时深 3～4 米,宽 2.5～3.5 米,长 4～5 米;机械操作时其长度可延长至 10～15 米。

第四章　肉用山羊的繁育技术

现代化肉用山羊生产中，繁育技术是关键环节之一。繁育技术不仅直接影响养羊业的生产效率，而且也是畜牧科学技术水平高低的综合反映。随着畜牧业科学技术的迅速发展，家畜的遗传、营养、繁殖、疫病预防等关键技术突飞猛进，劳动生产率、生产效益也大幅度提高。因此，在肉用山羊繁育技术上，可通过有效地控制、干预山羊的繁育过程，使肉羊生产能按人们的需要与要求有计划的进行。

一、山羊的繁殖规律

(一)性成熟与初配年龄

1. 性成熟　羔羊生长到一定年龄，生殖功能达到比较成熟的阶段，此时生殖器官已经发育完全，并出现第二性征，能产生成熟的生殖细胞(精子或卵子)，而且具有繁殖后代的能力，此时称为性成熟。山羊的性成熟年龄一般较早。在南方温暖的地区，大部分山羊品种的羔羊在2～4月龄就出现性活动现象，如公羔爬跨、母羔发情等，但由于公、母羊的生殖器官尚未完全发育成熟，过早交配对其自身和后代的生长发育都不利。因此，为防止早配、过早妊娠或近亲交配，羔羊在3月龄或断奶以后，公母羔要分群饲养。

2. 初配年龄　当山羊性成熟后，其身体的正常发育仍在继续进行，经过一段时间之后，山羊全身每个器官的发育都完全成熟，才能够达到体成熟，才具备成年山羊所应有的体型和结构。因此，性成熟与体成熟是完全不同的概念，母羊的性成熟期并不等于配种适龄期。如果山羊达到性成熟时就过早配种，不仅会严重影响本身的生长发育，而且对后代体质和生产性能也会产生不良影响，造成后代体质较弱，发育不良，甚至出现死胎，泌乳性能降低。但过迟配种易使母羊肥胖，公、母羊生殖功能减退，引起不育，缩短繁殖利用年限，造成经济上的损失。所以，要合理把握山羊的初配年龄，在羊达到体成熟时，就应及时进行初配，以提高肉羊生产的经济效益。

山羊的初配年龄一般根据个体生长发育状况而定，通常认为，当幼龄羊的体重达到成年羊体重的70%左右时，就是适宜的初配年龄。本地山羊4～5月龄即可配种，9～10月龄可产第一胎。一般母羊初配年龄在6～12月龄，公羊初配年龄比母羊晚一些，12～18月龄比较适宜。初配年龄见表4-1，供参考。

表4-1　主要肉用山羊的性成熟及初配年龄

品　种	性成熟月龄	初次配种月龄	
		母　羊	公　羊
南江黄羊	3～4	6～8	12～18
黄淮山羊	3～4	4～6	8～10
马头山羊	3～6	8～10	12～18
雷州山羊	3～6	5～8	10～11
福清山羊	3～4	5～6	8～12
隆林山羊	4～5	8～9	12～14
成都麻羊	3～4	6～8	10～12
贵州白山羊	3～4	7～8	10～12
都安山羊	5～6	10～12	12～18
萨能山羊	3～4	10～12	12～14
波尔山羊	6～8	7～8	10月龄以上
宜昌白山羊	4～6	6～8	10～12
建昌黑山羊	4～5	7～8	10～12

（二）繁殖利用年限

肉用山羊最好繁殖年限在2～5岁之间，6岁以后繁殖力下降。体质较好、繁殖力较高的母羊可以利用到7～8岁，以后逐渐失去繁殖能力。种公羊一般只利用到5岁。身体健壮而又有特殊育种价值的种公羊，可适当延长使用年限。

（三）母羊的发情与发情周期

羔羊生长发育到一定年龄时，母羊有一系列性行为的表现，并在一定时间排卵的现象称为发情。

1. 正常发情 母羊发情时由于发育的卵泡分泌雌激素，并在少量孕酮的协同作用下，刺激神经中枢，引起兴奋，使母羊表现出兴奋不安，对周围外界的刺激反应敏感，常鸣叫，举尾拱背，频频排尿，食欲减退，放牧的母羊离群独自行走，喜主动寻找和接近公羊，愿意接受公羊交配，并摆动尾部，后肢叉开，后躯朝向公羊，当公羊追逐或爬跨时站立不动。泌乳母羊发情时，泌乳量下降，不照顾羔羊。母羊在发情过程中生殖道和卵巢会发生相应的变化。

（1）生殖道变化 母羊在发情周期中，在雌激素和孕激素的共同作用下，使生殖道发生周期性的生理变化，所有这些变化都是为交配和受精做准备。发情母羊由于卵泡迅速增大并发育成熟，雌激素分泌增多，强烈刺激生殖道，使血流量增加，母羊外阴部充血、肿胀、松软，阴蒂充血勃起。阴道黏膜充血、潮红、湿润并分泌黏液，发情初期黏液分泌量少且稀薄透明，中期黏液增多，末期黏液稠如胶状且量较少。子宫颈口较松弛，开张并充血肿胀，腺体分泌增多。

（2）卵巢变化 母羊发情开始前，卵巢卵泡已开始生长，至发情前2～3天卵泡发育迅速，卵泡内膜增生，到发情时卵泡已发育成熟，卵泡液分泌不断增多，使卵泡容积增大，此时卵泡壁变薄并突出卵巢表面，在激素的作用下促使卵泡壁破裂，致使卵子被挤压而排出。

2. 发情周期 母羊出现第一次发情以后，如果没有配种或配种后未受孕，隔一定时间便开始新一轮发情，其生殖器官及整个机体的生理状态有规律的发生一系列周期性变化，这种变化周而复始，循环往复，一直到停止繁殖的年龄为止。母羊从一次发情开始至下次发情开始，或从一次发情结束到下次发情结束所间隔的时间称为发情周期。发情周期的计算，一般从一次发情开始到下一次发情开始为一个发情周期。山羊的发情周期为18～23天，平均为21天。

3. 发情持续期 母羊从发情开始到发情结束所经历的时间称为发情持续期。山羊的发情持续期为24～48小时。山羊的发情主要在春、秋两季，以秋季最为集中，本地山羊可常年发情。

（四）排卵与适时配种

山羊在发情开始后24～36小时排卵。因此，应在发情开始后12～24小时之间进行配种。在实际生产中，一般是上午发现发情母羊，下午16～17时进行第一次交配或输精，第二天上午进行第二次交配或输精；如果是下午发现发情母羊，则在第二天上午8～9时进行第一次交配或输精，下午进行第二次交配或输精。

（五）受精与妊娠

1. 受精 是指精子进入卵细胞，二者融合成一个细胞（合子）的过程。

受精的过程大体分为：①精子由射精部位运行至受精部位。交配时公羊的精液是射在阴道内子宫颈口的周围，精子首先进入子宫颈，然后再进入子宫和子宫角，最后进入输卵管。在输卵管的蠕动作用下，精子运行到输卵管峡部。②精子进入卵子。由于卵子周围有大量的卵丘细胞，因而使精子的接触目标变大。当精子进入卵丘细胞时，一方面靠本身的活力，另一方面是精子头部的顶体释放出透明质酸酶和蛋白质分解酶，分解卵丘细胞之间的黏合基质，使精子进入透明带。③原核形成和配子融合。当精子的头部与卵黄膜相接触，便激活了卵子，使卵细胞从休眠中开始发育，卵黄膜表面出现突起，精子的头部便由此进入卵子。精子进入卵子后，引起卵黄紧缩，并排出液体至卵黄膜间隙。此时，精子的头部胀大，失去原来的特异形状，尾部脱落，核内形成许多核仁，继而融合。山羊从精子进入卵子到完成受精的时间仅为16～21小时。

2. 妊娠 受精结束后就是妊娠的开始。从精子和卵子在母羊生殖道内形成受精卵开始，到胎儿产出时所持续的日期称为妊娠期。妊娠期通常是从最后一次配种或输精的那一天算起至分娩之日止。山羊的妊娠期为146～161天，平均为152天。妊娠期的长短与品种、年龄、胎儿数、性别以及外界环境因素等有关，一般本地羊比杂种羊短些，青壮年羊比老、幼龄羊短些。在生产中可根据妊娠期推算母羊的预产期(产羔日期)，推算的方法是：配种月份加5，配种日期数减2。

例如：一母羊于2007年5月5日配种，它的预产期为

预产月份＝5＋5＝10，即10月；预产日＝5－2＝3，即3日。

因此，该母羊的预产日期是2007年10月3日。

如果遇到月份加5大于12时，应减12所得数为预产月份，预产日计算方法相同。

例如：某羊的配种日期是2007年9月18日，它的预产期为

预产月份＝(9＋5)－12＝2，即翌年的2月；预产日＝18－2＝16，即16日。

因此，该母羊的预产期是2008年2月16日。

3. 妊娠母羊形态和生殖器官的变化 母羊妊娠后，随着胚胎的出现和生长发育，母体的形态和生理发生许多变化。主要有：

(1)畜体的生长 母羊妊娠后，新陈代谢旺盛，食欲增进，消化能力提高。因此，妊娠母羊由于营养状况的改善，表现为体重增加，毛色光亮。青年母羊除因交配过早或营养水平很低外，妊娠并

不影响其继续生长，在适当的营养条件下尚能促进生长，若以同龄及同样发育的母羊试验，妊娠母羊的体重显著增加；营养不足，则体重反而减少，甚至造成胚胎早期死亡，尤其是在妊娠前期，营养水平的高低直接影响胎儿的发育。妊娠末期，母羊因不能消化足够的营养物质以供给迅速发育的胎儿需要，致使消耗妊娠前半期贮存的营养物质，在分娩前常常消瘦。因此，母羊在妊娠期要加强营养，保证母羊本身生长和胎儿发育的营养需要。

(2)卵巢的变化　母羊受孕后，胚胎开始形成，卵巢上的黄体成为妊娠黄体继续存在，从而中断发情周期。

(3)子宫的变化　随着妊娠期的进展，在雌激素和孕酮的协同作用下，子宫逐渐增大，使胎儿得以伸展。子宫的变化有增生、生长和扩展三个时期。子宫内膜由于孕酮的作用而增生，主要变化为血管分布增加、子宫腺增长、腺体卷曲及白细胞浸润；子宫的生长是胚胎附植后开始，主要包括子宫肌肥大、结缔组织基质的广阔增长、纤维成分及胶原含量增加；子宫的生长和扩展，首先是由子宫角和子宫体开始的。母羊在整个妊娠期，右侧子宫角要比左侧大得多。妊娠时子宫颈内膜的脉管增加，并分泌一种封闭子宫颈管的黏液，称为子宫颈栓，使子宫颈口完全封闭。

(4)阴户及阴道的变化　妊娠初期，阴唇收缩，阴户裂紧闭。随着妊娠期进展，阴唇的水肿程度增加，阴道黏膜的颜色变为苍白，黏膜上覆盖由子宫颈分泌出来的浓稠黏液；妊娠末期，阴唇、阴道变为水肿而柔软。

(5)子宫动脉的变化　由于子宫的生长和扩展，子宫壁内血管也逐渐变得较直，由于供应胎儿的营养需要，血量增加，血管变粗，同时由于动脉血管内膜的皱褶增高变厚，而且因它和肌肉层的联系疏松。所以，血液流过时造成的脉搏从原来清楚的跳动变成间隔不明显的颤动。这种间隔不明显的颤动，叫做妊娠脉搏。

母羊妊娠后新陈代谢旺盛，食欲增强，消化能力提高。由于胎儿的生长发育和母羊自身的生长，使妊娠母羊体重明显增加，表现毛色光润、膘肥体壮。

二、山羊的繁殖技术

(一)发情鉴定

掌握母羊发情的鉴定技术，确定准确的输精时间非常重要。但一般母羊发情开始时间很难判定。根据母羊的发情规律和排卵时间，可以采取早晚两次试情的方法，早晨发现的发情母羊下午配种，第二天早上复配1次；晚上发现的发情母羊次日早上第一次配种，下午进行复配，这样可以大大提高受胎率。常见的母羊发情鉴定方法主要有外部观察法、试情法和阴道检查法。

1. 外部观察法　观察母羊的外部行为特征和外部生殖器官的变化，这是鉴定母羊是否发情最基本最常用的方法，一家一户，养殖规模不很大，常用此方法判断母羊是否发情。

母山羊发情表现明显，容易识别。当母山羊兴奋不安，鸣叫，摇尾，少食或拒食，频频排尿，放牧时离群独自行走，主动接近公羊，愿意接受公羊交配，公羊爬跨时站立不动，外阴部及阴道充血、肿胀、松弛，有黏液排出(发情前期，黏液呈清亮，发情晚期，黏液呈黏稠状)即可确定母山羊正处于发情期。外部观察法为最基本、最常用的发情鉴定方法。

2. 试情法　在配种期内，每日定时(一般是早、晚各1次)将试情公羊放入母羊群中，让公羊自由接触母羊，通过观察母羊对公羊的行为反应来判断母羊是否发情，而后挑出发情母羊，但不能让试情公羊与母羊交配。用作试情的公羊必须体格健壮，性欲旺盛，无疾病，无恶癖，年龄2～5周岁。试情公羊要单圈饲养，不要与母羊混养。同时应给予试情公羊良好的饲养条件，保持活泼健康，并让试情公羊每隔5～6天排精或本交1次，使之保持旺盛性欲。当母山羊群体较大，不易进行外部观察时，试情法是最好的发情鉴定方法。

试情公羊与母羊按 1∶40～50 的比例为宜。试情时先将母羊赶入试情圈。试情圈地面要干燥，大小适中，圈大羊少，会加大试情公羊的活动量；圈小羊多，容易漏选、错选发情母羊。面积以每只羊 1.2～1.5 平方米为宜，母羊群不超过 150 只。然后将公羊放入母羊群中，工作人员要在羊群中不断地走动，驱散打堆的母羊，便于公羊与母羊普遍接触。如果母羊主动接近试情公羊，并接受试情公羊的爬跨，表示该母羊已发情，要迅速挑出，用涂料做好标记。也可在试情公羊腹下佩戴一种专用的着色装置，当母羊接受爬跨时，母羊背上会留下着色标记，母羊背部有颜色的视为发情羊。发现发情羊后，要尽快将发情羊抓出放到另一圈内，否则试情公羊可能一直追逐该发情母羊，而耽误寻找其他发情母羊。试情时可分批轮换使用试情公羊。试情结束后，试情公羊要与母羊分开。

为了使试情公羊在试情中不能与母羊交配，常采取以下几种方法对公羊进行处理。

(1)试情布法　取长 60 厘米、宽 40 厘米的细软白布，四角缝上布带，拴在试情公羊腰部，将阴茎兜住，不影响公羊行动和爬跨，照常射精，但阴茎进不到母羊阴道内，精液被试情布兜住。采用此法时，试情布要及时更换、清洗，以免试情布发硬，损伤公羊阴茎。试情时不能长时间使用同一只公羊，应轮换使用，保持试情公羊的旺盛精力。

(2)公羊输精管结扎法　将公羊右侧卧保定，将左后肢向前牵引固定，以充分暴露术部。采用精索内神经传导麻醉法，每侧精索内注射 2%～5%盐酸普鲁卡因注射液各 6 毫升。阴囊后侧面、阴囊颈部稍上方中线两侧的凹陷处为手术切口部位。术前对术部进行剃毛、清水冲洗，用 0.1%新洁尔灭溶液清洗，在术部涂碘酊消毒，再用酒精棉球脱碘，然后盖上创巾即可手术。一般先做右侧输精管结扎，再以同样方法做左侧输精管结扎。助手握住睾丸，将阴囊拉紧，在切口处做2厘米长的纵向切口，依次切开皮肤、筋膜、鞘膜，然后在精索内侧面找出输精管并分离。输精管呈灰白色，质地较硬，用缝线将输精管做双重结扎。两结扎点之间应有一定距离，在两结扎点间剪除输精管0.5～1厘米，然后用螺旋缝合法缝合精索鞘膜，用结节缝合法缝合皮肤。术后每天在切口上涂擦碘酊1次，7～10天拆线，20天后即可投入使用。与未做输精管结扎的公羊相比性欲无临床差异，睾丸和阴囊形态也无异常变化。

(3)试情公羊阴茎移位法　通过手术将试情公羊的阴茎转向左侧或右侧，使公羊在爬跨母羊时阴茎不能进入到母羊阴道内，待切口愈合后即可用于试情。

3. 阴道检查法　阴道检查法是借助于阴道开膣器来观察母羊阴道的黏膜（颜色、润滑度）、分泌物（数量、颜色、黏度）和子宫颈口（颜色肿胀度）的变化，来判断母羊是否发情。当阴道黏膜充血，表面湿润光亮，流出透明黏液，子宫颈口充血、松弛并有黏液流出时，即可鉴定母山羊正在发情。

操作方法：先将母羊保定，外阴部清洗干净，再将严格消毒且干燥后的开膣器涂上灭菌过的润滑剂。操作时将开膣器前端闭合，徐徐插入，再轻轻打开，通过手电筒和反光镜来检查阴道变化，检查结束时并拢抽出。

该方法常与人工授精技术结合使用，当用外部观察法、试情法发现母羊发情后，在人工授精的输精时通过观察阴道的变化确定母羊是否真正发情，该不该输精。但阴道检查法要求无菌操作，加之有时识别不准，体小羊、处女羊不宜使用，目前在生产中不常运用。

(二)配种技术

在肉用山羊生产中，配种技术的好坏，直接关系到经济效益的高低。如配种时间掌握不好和人工授精技术不过硬，使基础母羊空怀或屡配不孕，就会相应延长空怀时间，延长母羊的饲喂期，增加不必要的开支。在平时的生产中，配种方法可分为自然交配和人工授精两种。

1. 自然交配 又称本交，是自然状态下公、母羊之间的直接交配。包括自由交配和人工辅助交配。

(1)自由交配 是最原始的交配方式。即常年或在配种季节，将公、母羊按一定的比例(一般为1∶30～40)混群饲养或放牧，任公羊自由寻找发情母羊进行交配。这种交配方式省工省事，减少发情母羊的失配率，适合养羊规模不大的个体农牧户，若公、母羊比例适当，可获得比较好的受胎率。但这种交配方式存在的缺点很多：一是公、母羊混群饲养，公羊追逐并爬跨母羊，滥交滥配，无意采食，精力耗费很大，影响自身健康和母羊采食抓膘；二是无法掌握交配情况，后代的血缘关系不清，容易造成近亲交配或早配，不利于选种选配，从而影响羊群质量；三是无法推测母羊的预产期和确切的产羔时间；四是种公羊利用率低，需要量大，优秀种公羊的作用发挥有限；五是母羊的产羔时间拉长，羔羊大小不均，不利于管理。为克服自由交配的缺点，应在非配种季节将公、母羊分群管理，配种期内再将适量的公羊放入母羊群中。群与群之间每隔2～3年进行公羊调换，避免近亲交配。

(2)人工辅助交配 是将公、母羊分群隔离饲养，在配种期内用试情公羊挑选出发情母羊，再将其与选定的公羊交配。这种方法的优点是：能够有计划地选种选配，交配由人工控制，能知道配种日期与种公羊羊号，可以预测产羔日期，控制产羔时间，提高后代质量，而且能克服自由交配公羊精力耗费过大的缺点，提高种公羊的利用率，增加与配母羊只数，每只公羊可负担70～80只母羊的配种。在交配时间的掌握上，一般是早晨发情的母羊傍晚进行交配，下午或傍晚发情的母羊于次日早晨配种。在首次交配后间隔12小时左右再交配1次。羊群不大，种公羊比较充足的羊场和专业户，可以采用人工辅助交配。

2. 人工授精技术 人工授精是一种科学先进的配种方法。

就是采用人为的方法，借助器械，将公羊的精液采出，经过精液品质检查和相关处理，再通过器械将精液输入到母羊生殖道内，以代替自然交配、使母羊受孕的一种配种方法。

(1)人工授精的优点　①提高优良种公羊的利用效率。种公羊一次射精量经过稀释后，可供几十只母羊输精用。一只种公羊每年在配种期，采用自然交配仅配70～80只；而采用人工授精可配800～1 500只，人工授精种公羊的利用率是自然交配的10～20倍。在繁殖季节，母羊发情处于高峰期，人工授精可缓解需配母羊多、优秀种公羊不足的矛盾。②节省种公羊。人工授精提高了种公羊的利用率，从而减少种公羊购置及饲养管理费用，降低生产成本。③减少疾病传播。采用人工授精配种，公、母羊不直接接触，所用器械经严格消毒，防止因交配而传播传染病和生殖道疾病。④实行异地配种。人工授精方式可通过精液的保存和运输，实行异地配种，特别是冷冻精液可长期保存，跨国运输，打破了国家、地区间时间和地域的限制，也为偏僻地区和山区母羊配种提供了方便。⑤避免交配困难。本交时，若公、母羊体格悬殊，会出现公、母羊不易交配的现象，人工授精方式可克服这一缺点。⑥加速品种改良。人工授精有利于山羊选种选配，加快山羊品种改良步伐，提高育种工作的针对性和养羊经济效益。⑦能进行登门输精。人工授精人员可携带简易输精器和精液，登门进行输精，方便了广大养羊户。⑧方便实用。山羊人工授精操作简便，使发情母羊一次情期受胎率高，减少了不孕。

(2)人工授精站的建立　要进行人工授精工作，必须建立具有一定条件的人工授精站。一是要有专业技术人员，二是要有优良品质的种公羊，三是要有场地，四是要购置必要的人工授精器械和药品。在配种季节到来之前，要做好各项准备工作，搞好配种人员的培训和种公羊的采精调教及加强种公羊的饲养，并把配种场所、器械室、药房的卫生搞好，进行彻底消毒。室内保持阳光充足，无异味。室温最好保持在20℃～25℃。

(3)人工授精所需设备及药品

①采精用品

假阴道部件包括：假阴道外壳，内胎（每个外壳3条），集精杯（每个外壳备用2个），橡胶塞，医用气阀，固定皮圈，保护套。

安装假阴道用品包括：瓷盘，温度计，液状石蜡（或凡士林），毛巾，75%酒精棉球，漏斗，玻璃棒，镊子。

②化验仪器及设备　主要有保温箱，干燥箱，水浴锅，消毒锅，蒸馏器，显微镜（100～400倍），显微镜保温板，室温计，水温计，玻璃棒，盖玻片，载玻片，擦镜纸，血细胞计数器，pH值试纸，长柄镊子，酒精灯，滤纸，0.5%龙胆紫，药匙等。

③稀释液配制用品

主要用品包括：三角锥瓶（250毫升）4个，定性滤纸，玻璃漏斗，玻璃棒，量筒（100毫升），试管架，漏斗架，精液稀释粉（100毫升稀释液用），0.9%氯化钠溶液，柠檬酸三钠，葡萄糖，乙二胺四乙酸二钠（EDTA-2Na），乳糖，果糖，新鲜鸡蛋，青霉素，链霉素，双蒸馏水等。

辅助用品包括：电炉（500瓦），一次性注射器（10毫升），蒸馏水（500毫升）3瓶，洗瓶，石棉网，消毒柜等。

④精液保存用品　冰箱（保存精液或制冰块），广口保温杯，塑料袋，稀释液，刻度试管（10毫升），标签纸，移液管，500毫升烧杯，温度计，液氮罐等。

⑤输精用品　包括玻璃输精器、输精调节器、开膣器、羊用阴道内窥镜、羊用细管输精枪、手电筒等。

⑥其他用品　包括0.2%新洁尔灭，1%来苏尔，75%酒精，液状石蜡，镊子，脱脂药棉，蒸馏水瓶，纱布，烧瓶，刷子，脸盆，毛巾，肥皂等。

(4)稀释液的配制　所有玻璃用品应用洗涤剂洗净后，用清水反复冲洗，避免有洗涤剂残留。用蒸馏水冲洗3次，控干水分，放入消毒柜中干燥，自然放凉后使用。

稀释精液低温保存用稀释液（使用前各种玻璃用品应用蒸馏水冲洗，并放在消毒柜中干燥）。

①基础配制　先将稀释粉（100 毫升稀释液用）倒入三角锥瓶中，加入 100 毫升水，用玻璃棒搅拌，充分溶解。将定性滤纸对折 2 次，折成锥形，放入漏斗中，并将其放置在三角锥瓶上，将溶解后的稀释液沿玻璃棒倒入漏斗中过滤。将石棉网放在电炉上，然后将锥形瓶放在石棉网上，将稀释液加热至沸腾，立即取下。稀释液放冷后，加入双抗（青霉素，链霉素），充分溶解，并静置 20 分钟以上。

②稀释液配制　用吸管从中层吸取基础液，冲洗刻度试管并弃去，重复 3 次。之后从中层取基础液加入刻度试管至 8 毫升处。将新鲜鸡蛋擦干净，用 75％酒精消毒表面，待干燥后，打开鸡蛋分离出蛋清，将卵黄置于消毒纸巾上，倾斜纸巾使其滚动，将卵黄表面的蛋清吸干，用吸管轻轻挑破卵黄膜，吸取卵黄液加入刻度试管中，使总液体容量为 10 毫升。用吸管反复吸吐，使卵黄液与基础液混匀，贴上标签备用。将剩余的基础液贴上标签，用于冲洗假阴道和输精器械。

(5)人工授精的方法及步骤

①公羊采精

首先是进行采精前的准备工作。主要包括以下几个方面：

采精场的准备：山羊的采精一般在固定的采精场（室）进行，采精室应宽敞、平坦、安静、清洁、挡风、避雨，地面不滑，场内有采精架保定台羊，供公羊爬跨，方便采精。

台羊的准备：选择发情征兆明显的健壮母羊为台羊，如不老实，可固定在采精架上，先用 0.1％新洁尔灭消毒外阴部，再用温水擦干净。也可用假母羊做台羊。

采精架的准备：采精架是用来保定台羊，便于采精公羊爬跨的，应做得坚固耐用。可用木料制成带活闩的塔井状，架高50～60 厘米，上闩宽 20 厘米，下闩宽约 25 厘米（图 4-1）。

采精器械及用具的准备：假阴道应具备温度适宜（39℃～

41℃)、压力适宜、内表面光滑三个条件。安装前将假阴道各部件充分洗涤干净，用蒸馏水冲洗后，放在有余热的消毒柜中干燥，内胎用夹子夹好，悬挂在消毒柜内，安装前将瓷盘用酒精消毒，逐件检查各部件是否有破损、漏水及针眼。安装时先将洁净的内胎光面向里，平展置入外壳内，两端留出较长的部分，翻卷在外壳上，注意内胎要装正，松紧适度。用医用75%酒精棉球消毒内胎内壁、翻边及集精杯。待酒精干燥后，在一端装上消毒好的集精杯，用纱布套和固定皮圈固定。然后用基础液冲洗内胎内壁及集精杯1～2次，再往假阴道夹壁中注入热水(50℃～55℃)，灌水量占夹壁腔容积的1/3～1/2(150～180毫升)，并左右平行摇动。用灭菌玻璃棒蘸取灭菌的凡士林，从一端向里均匀涂抹于假阴道内壁上，深度为假阴道长度的1/3～1/2。凡士林的涂抹应在采精前进行，以防变干，且不可涂得过厚，以免影响精液质量。接着往胎内吹气，调节内胎压力。理想的压力是假阴道外口的内胎呈三角形裂隙(呈“Y”型)，温度计插入时感到有一定阻力。用消毒过的温度计测量假阴道内的温度2分钟，适宜温度为38℃～40℃，如不合适，再注入适当温度的热水。用毛巾将安装好的假阴道包好，保温备用。

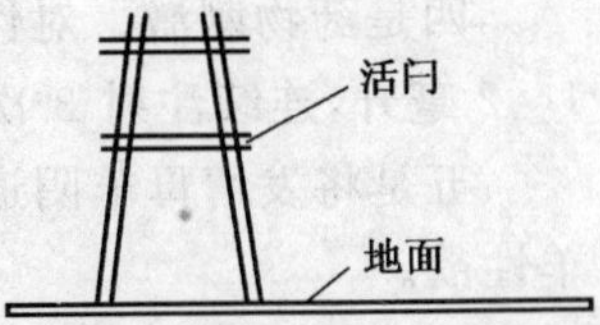

图4-1　山羊采精架示意图

以上准备工作完成后，采精前还要对种公羊进行调教。一般来说，公羊采精操作较容易，但有些公山羊，尤其是初次参加配种的公羊，就不太容易采出精液来，可采取以下调教措施：

一是同圈法。将不会爬跨的公羊和若干只发情母羊关在一起过几夜，或与母羊混群饲养几天后，公羊便开始爬跨。

二是诱导法。在其他公羊配种或采精时，让被调教公羊站在一旁观看，然后诱导其爬跨。

三是按摩睾丸。在调教期每日定时按摩睾丸10～15分钟，或用冷水湿布擦睾丸，几天后则会提高公羊性欲。

四是药物刺激。对性欲差的公羊，隔日每只注射丙酸睾丸酮1～2毫升，连续注射3次后可使公羊爬跨。

五是将发情母羊阴道黏液或尿液涂在公羊鼻端，也可刺激公羊性欲。

六是用发情母羊作台羊。

七是调整饲料，改善饲养管理，这是根本措施，若气候炎热时，应进行夜牧。

采精操作技术：采精前用温水清洗种公羊阴茎的包皮，并擦干净。将发情旺盛的母羊保定在采精架内，一切准备就绪后，再将公羊赶至采精场并避免公羊靠近母羊，等待约1分钟。采精者以右手握假阴道，蹲在发情母羊或台羊的右侧，集精杯一端向上，使假阴道与地面呈35°～40°。待公羊跳爬母羊臀部后，立即用左手掌托住包皮导引公羊阴茎，右手将假阴道固定在母羊臀部右侧，使公羊阴茎伸入假阴道内，当公羊向上一冲，说明已经射精。待公羊跳下时，采精人员手握假阴道随阴茎后移，不要抽出。当阴茎由假阴道自然脱出后即将假阴道直立，筒口向上片刻，放掉假阴道内空气，取下集精杯，立即送至化验室备检。

采精频率：一般情况下，公羊体况良好，在配种季节可适当增加采精次数，每天可采精1～2次。而体况不佳时，应减少采精次数。在配种季节，每天采精1次，持续5天，或每天采精2次，持续3天。每天采精3次因持久性差，不宜采用。从年龄上来看，1.5岁左右公羊，每天采精1次为宜，3～5岁公羊每天可采精2次。

②精液品质检查　采精后立即将采精时间、公羊品种、个体号、射精量、精子密度等记录下来，并进行精液品质检查。精液品质检查项目很多，这里只介绍几种常见的项目：

一是肉眼观察。正常精液为乳白色，无味或略带腥味。凡带有腐败味，出现红色、褐色、绿色的精液均不可用于输精。公山羊正常的射精量范围是0.5～2.0毫升，平均为1.0毫升。

二是精子活率检查。在载玻片上滴原精液或稀释后的精液1

滴，加盖玻片，在38℃显微镜温度下（可按显微镜大小，自制保温箱，内装40瓦灯泡1只，既照明又保温）检查。精子运行方式有直线前进运动、回旋运动和摆动三种。评定精子活率以直线前进运动精子百分率为依据，通常是用十级评分法。大约有80%的精子做直线前进运动的评为0.8，有60%精子做直线前进运动的为0.6，依次类推。山羊原精液活率一般可达0.8以上。在检查（评定）精子活率时，要多看几个视野，并上下扭动显微镜细螺旋，观察上、中、下三层液层的精子运动情况，才能较精确地评出精子的活率。

三是密度检查。方法有2种。

一种是估测法。即在检查精子活率的同时进行精子密度的估测。在显微镜下根据精子稠密程度的不同，将精子密度评为"密"、"中"、"稀"三级。"密"级为精子间空隙不足1个精子长度，"中"级为精子间有1～2个精子长度空隙，"稀"级为精子间空隙超过2个精子长度以上。"稀"级不可用于输精。

另一种是精子计数法。即用血细胞计算板较精确地计算出每毫升精液中的精子数，在精液高倍稀释时，要以精子数和精子活率来计算出精液稀释倍数。计算方法是：用红细胞吸管取原精液至0.5刻度处，再吸入3%的氯化钠溶液至101刻度处，将原精液稀释200倍。以拇指及食指分别按吸管的两端摇匀，然后挤去吸管前数滴，将吸管尖端放在计算板与盖玻片之间的空隙边缘，使吸管中的精液流入计算室（高0.1毫米），充满其中。计算板中央用刻线分成25个正方形大格，共由400个小方格组成，面积为1平方毫米。在200、400倍显微镜下数出5个大方格（四角各1个，再加中央1个大方格，共80个小方格）内的精子数。计算时以精子头部为准，位于大方格4条边线上的精子，只数相邻两边的精子，避免重复。数出4个大方格的精子总数后加7个。即为1毫升原精液的精子数。

每毫升山羊精液中含精子数为10亿～50亿个，平均为30亿个。精子计数可10～15天进行1次。有条件的地方可用密度仪器测定。

③精液的稀释　此步骤目的是扩大精液量，增加可配种母羊头数；提供外源能量，弥补精子代谢产物对精子的有害影响，降低电解质浓度，使精液pH值保持弱酸性以及抑制细菌繁殖，从而延长精子在体外的存活时间，便于精液的保存和运输，提高受胎率。原精液活率在0.6以上方可用于稀释输精。

稀释方法：用吸管将精液移入用基础液冲洗过的刻度试管中，与盛放稀释液的刻度试管一起放在500毫升33℃水浴中（500毫升烧杯）预温5分钟。计算稀释后的精液容量，一般稀释比例为1∶3，如0.7毫升的原精液稀释后体积为0.7×4＝2.8毫升。用吸管将稀释液沿试管壁，缓慢加入精液中，轻轻摇动混匀后，加塞密封。稀释完毕后，要检查精子活力。

稀释过程中应注意，稀释倍数的确定取决于原精液的密度，原精液量足够时，可不必再稀释，直接用于输精。不够时按需要量作1∶2～4倍稀释，要把稀释液加温到30℃，再把它缓慢加到原精液中，摇匀后即可使用。一次输精液密度大、精子活力强时，可适当加大稀释倍数；当与配母羊不太多时，可缩小稀释倍数；当与配母羊较多时，可将精液稀释10～20倍，当精子密度在25亿个以上时，精液可以1∶40～50稀释。只要一次输精剂量所含的有效精子数在5 000万～8 000万个，就可获得较好的受胎率。据试验，以1∶10稀释的常温精液输精后的受胎率达95.16％，甚至以1∶20、1∶30、1∶40、1∶50、1∶80、1∶100等6种稀释比例，输精后的情期受胎率均在80％以上。

④精液的保存　精液的保存是为了延长精子的存活时间，提高精液的利用效率。其原理是暂时抑制或停止精子的运动，降低其代谢速度，减缓其能量消耗，从而使精子存活时间延长而又保持活力。保存精液的方法按保存温度可分为常温保存法、低温保存法和冷冻保存法。

第一种,常温保存法。即将稀释的精液保存在 15℃～20℃的室温环境中,使精子运动减弱,有限延长精子存活时间。有效保存时间为 1 天。

第二种,低温保存法。即在常温保存的基础上,采取缓慢的逐步降温方法,将精液温度逐步由室温降至 0℃～5℃。从 20℃降至 0℃～5℃时,每分钟降 0℃～2℃,需要 1 个多小时才能完成降温全过程。这时精子的物质和能量代谢降到极低水平,精子运动消失。有效保存时间为 2～3 天。方法是:将盛放稀释后精液的刻度试管,放在 500 毫升 33℃的水浴中,然后再放入 2℃～5℃冰箱中,约 40 分钟降温至 2℃～5℃后,继续在冰箱中水浴保存直到使用,精液保存时间可达 72 小时。如果供电不正常或冰箱控温不可靠,可将装稀释后精液的试管用 4 层纱布包裹,装入自制的小塑料袋中,然后放入加有碎冰块的广口保温杯中保存。经常检查保温杯中的冰块,及时将融化的冰水倒掉,添加新的冰块。在使用中,保存时间超过 24 小时,应对精子活力进行检查,以便确定精液处理过程是否有问题和精液能否继续使用。

第三种,冷冻保存法。即将稀释后的精液制成固态的颗粒或细管精液,在－196℃的液氮罐中长期保存。山羊的精子由于不耐冷冻,冷冻精液受胎率较低,一次情期受胎率只有 40%～50%。利用液氮罐保存冻精,需定期添加液氮,液氮面不得低于容器的 1/3,并要浸没冻精。

⑤冻精的解冻　输精前将山羊细管冻精精液放在 35℃～38℃温水中解冻,这个温度范围可以保证快速解冻,但要防止水温过热。在解冻之后,须采取措施,防止精液冷却到低于 30℃,直到输精完毕。山羊精液对冷休克比牛精液要敏感得多,冷休克导致精子更易渗透,出现"渗漏"膜弯曲或卷尾而造成不可逆转的损害。

⑥母羊输精　利用灭菌过的输精器,将一定量的精液输入到发情母山羊的子宫颈口内或阴道底部。适期准确输精是确保母山羊受胎率的关键环节之一。

输精时间：山羊的发情持续时间为24～48小时。排卵时间一般多在发情后期30～40小时。因此，比较适宜的输精时间应在发情中期后(即发情后12～16小时)。母山羊1个发情期通常输精2次，即发现发情后6～12小时内第一次输精，12～18小时后第二次输精，经产羊应于发现发情后6～12小时第一次输精，间隔12～16小时后第二次输精。初配羊应于发现发情后12小时第一次输精，间隔12小时第二次输精。在生产上，母羊的具体发情时间较难判断，一般在早晨开始发情的母羊，下午进行第一次输精，间隔12小时再输精1次；下午至傍晚开始发情的母羊，第二天早、晚各输精1次。本情期输精的母羊，在下个情期仍要参加试情，防止空怀。妊娠母羊要加强饲养管理，为增膘保胎创造条件。

输精剂量：每次输精的有效精子数应保证在5 000万个以上，若是冻精，则应在7 000万个以上。原精输精量为每只每次0.05～0.1毫升；作1～2倍稀释的精液，输精量为每只每次0.1～0.2毫升；高倍稀释的精液为每只每次0.2～0.5毫升；冷冻精液为每只每次0.2毫升以上。

输精程序一般如下：

首先，将器械集中到现场，紧靠操作区工作台并将器械放置于台上，检查开膣器有无裂缝或缺口。

其次，保定母羊。将发情待配母羊两后肢担在输精室内的横杠或输精架上，若无输精架时可由工作人员保定母羊。方法是工作人员倒骑在羊的颈部，用双手分别握住羊的两后肢飞节上部并稍向上提起，便于输精。在输精前用0.1%新洁尔灭溶液或0.1%高锰酸钾溶液棉球消毒外阴部，再用温水洗掉药液并擦干净。

再次，将开膣器或内窥镜内外用酒精擦拭；用酒精消毒输精器外部，并用稀释液冲洗内管备用。待酒精完全挥发后，在内窥镜或开膣器外部涂上液状石蜡，或用生理盐水湿润；用输精器吸取稀释后的精液0.05～0.15毫升。

最后进行输精。输精时操作人员左手分开母羊阴门，将闭合的开膣器沿阴门形状轻轻插入阴道后旋转 90°，打开开膣器寻找子宫颈口，子宫颈位于阴道底部，稍向外突出，看起来呈深红色阴影或小孔，像极小的唇状物。将输精器插入子宫颈口 0.5～1.0 厘米，然后稍向后退出，用大拇指轻压活塞，注入定量的精液，然后先将输精器退出，最后退出开膣器，注意不得损伤生殖道黏膜。如果子宫颈紧闭而干燥，说明母羊尚未发情，应延期授精，取出开膣器。也可使用阴道内窥镜，左手持涂润滑剂后的内窥镜管缓缓插入至阴道底部，打开电源，找到子宫颈管外口（子宫外口颜色较暗），若子宫颈口微开口，即可输精。右手持输精器，通过内窥镜管，将输精枪插入子宫颈口内 0.5～2.0 厘米，缓慢、稳稳地注入精液，至少需要 5 秒钟（注意不可将输精枪口堵在子宫壁上强推推杆），然后拔出输精器，抽出内窥镜管，按摩一会阴蒂。输完精后把母羊臀部抬高并保持一段时间，防止精液倒流出子宫，或者在羊的背部轻拍几下，刺激平滑肌收缩，使精液快速流入子宫深部。记录输精情况。此方法适用于体格较大的母山羊。

对于体型小的母山羊或处女羊，阴道狭窄，开膣器无法使用，输精员可轻轻用手拨开母羊的阴户，将输精管沿母羊背部插入阴道底部进行输精，此法输精量为子宫颈口内输精的 2 倍。

综合来说，使用内窥镜对母羊阴道刺激小，比其他两种方法效果都好。

种公山羊精液品质检查及输精记录见表 4-2。

表 4-2 种公山羊精液品质检查及输精记录表

品种：　　　　种公羊耳号：

序号	受精			射精量（毫升）	原精液					稀释精液				精液保存			输精量（毫升）	配母羊数	备注
	日期	时间	次数		色泽	气味	密度	pH值	活力	稀释液（毫升）	倍数	pH值	活力	时间	温度	活力			

采精员：　　　　输精员：　　　　记录人：

如果用冷冻精液输精，需先对其解冻。根据冷冻精液的不同，采取相应的解冻方法。

一种是细管冷冻精液解冻。取一支较高的烧杯，倒入40℃温水。将镊子预冷后在液氮罐瓶颈处从纱布袋中取出细管。要求取精速度要快，不得超过5秒。再将细管放入温水中解冻。注意将棉塞端朝下，封口端朝上，温水应浸没细管，停10秒钟取出，时间不可过长或过短。之后装枪镜检。用双手迅速摩擦，使输精枪变热，将细管枪上的活塞拉回12.7～17.8厘米，将解冻好的细管用专用剪刀剪去，超声波封口端约1厘米(注意不要剪去棉塞端)，剪口要平，并用手指轻轻捏圆。将棉塞端安放到输精枪推杆上，套上输精枪帽，尔后旋紧。推出1滴精液在载玻片上，加盖玻片，放在38℃ ～ 40℃ 的环境下进行检查。可以把显微镜放入保温箱内，箱内装一个60瓦的灯泡。在400～600倍的显微镜下检查精子活力。

另一种是颗粒冷冻精液解冻。一般一颗粒冷冻精液用1头份解冻液解冻。常用的解冻液有2.9%柠檬酸钠。解冻的具体方法是:取事先洗刷干净经过消毒灭菌的指形小玻璃管，注入解冻液1～1.5毫升，放在40℃的温水中预热，当温度达到40℃时(有利于精子快速通过－15℃～－25℃的有害温度区)，从液氮中快速取出精液颗粒，放入解冻液中不停地摇动，经5～10分钟到颗粒融化1/2～2/3时(以防温度过高，有利于保持5℃的温度)，即从温水中拿出并继续摇动，待全部融化即可输精。

解冻后精液镜检活力合格(活力达0.3以上)即可输精。输精方法同上。

(三)妊娠期和妊娠检查

山羊的妊娠期一般在150天，如萨能山羊妊娠期平均为150.6±2.44天，马头山羊140～154天。

母羊在配种后第一至第二个情期如不再发情，可以初步认为妊娠。由于妊娠前期胎儿发育很小，不易检查，在2个月以后，可检查确认是否妊娠。

妊娠检查一般在早晨空腹时进行，检查者可将母羊颈部夹在两腿之间，弯下腰将两只手从两侧放在母羊腹下乳房的前方，将腹部微微托起，左手将羊的右腹向左方微推，左手拇指食指叉开就能摸到胎儿。60天以后的胎儿可摸到较硬的小块。到90～120天时，可摸到胎儿的后腿腓骨，随着月龄的增长后腿腓骨由软变硬。当手托起腹部感到有一硬块时，胎儿仅有1个，若两边各有一硬块时为2羔，在胸的后方仍有一硬块时为3羔，在左右肷部上方还有一硬块时则为4羔。检查时手法要轻巧灵活，仔细触摸各个部位，不可粗心大意，以免造成流产。

(四)母羊的分娩与接产

妊娠期满的母羊将子宫内的胎儿及其附属物排出体外的过程，称为分娩。

1. 分娩前的准备

(1)分娩舍及用具　在产羔前，应把分娩羊舍或分娩栏打扫干净，墙壁和地面要用2%来苏儿或1%火碱水彻底消毒。如果是冬季，地面应铺些干草，舍内应保持一定的温度，以10℃～18℃为好，不要有贼风。其他季节，舍内应通风透光，地面要保持干燥，在产羔期间还应消毒2～3次。母羊分娩后，把分娩母羊和羊羔关在栏内，既可避免其他羊干扰，又便于母羊认羔和管理。因此，产羔前就应把分娩栏准备好。没有条件的地方，也可单独找一间空房作为分娩羊舍。接产的用具和药品，如台秤、产羔记录本、产科器械、来苏儿、酒精、碘酊、肥皂、药棉、纱布、毛巾、脸盆、手电筒、工作服等都要在产羔前准备好。

(2)饲草饲料　应提前准备好母羊的饲草料。此期间应给予母羊优质易消化的青干草，每只每天准备青干草2.5～3.5千克、全价混合精饲料0.3～0.4千克。如在冬季，还应每天饮温小米汤,尽量不要让生产母羊饮冷水和吃发霉的草料。在有条件的地方,给母羊饮小米白萝卜汤最为有益,以促进生产母羊胃肠恢复和多产乳汁。

(3)接产人员　接羔是一项繁重而细致的工作,因此应指定专人负责,并配备一定数量的辅助人员,以便完成接羔工作。

2. 接产及难产的处理

(1)分娩前的表现　母羊在临近分娩前,机体的某些器官在组织学和形态学上发生显著的变化,母羊的全身行为也与平时不同,这些变化适应了胎儿产出和新生羔羊哺乳的需要。全面观察这些变化,可以大致预测分娩时间,以便做好接产的准备。其征兆大致可有如下几个方面:

①乳房的变化　乳房在分娩前迅速发育,腺体充实。临近分娩时,可从乳头中挤出少量清亮胶状液体或少量初乳,乳头增大变粗,整个乳房膨大,发红且有亮光。

②外阴部的变化　临近分娩时,阴唇逐渐柔软、肿胀、增大,阴唇皮肤上的皱褶展开,皮肤稍变红。阴道黏膜潮红,黏液由浓稠变为稀薄滑润,排尿频繁。

③骨盆的变化　骨盆的耻骨联合、荐髂关节以及骨盆两侧的韧带松弛,在尾根及其两侧松软、凹陷,用手握住尾根上下活动,感到荐骨向上活动的幅度增大。

④行为的变化　母羊精神不安,食欲减退,回视腹部,时起时卧,不断努责和鸣叫,腹部明显下陷,有的用前肢刨地。

对有上述征兆的母羊,就应立即送入产房。

(2)正常分娩的接产　母羊产羔时,最好让其自行产出,接产人员的主要任务是监视分娩情况和护理出生羔羊。正常接产时,首先剪净临产母羊乳房周围和后肢内侧的羊毛,然后用温水洗净乳房,挤出几滴奶,再将母羊的尾根、外阴部、肛门洗净,用1%来苏儿溶液消毒。正常分娩的母羊在羊膜破裂后30分钟左右,羔羊便能顺利产出。正常产的羔羊一般是两前肢先出,接着就是头部出来，随着母羊的努责，羔羊自然产出。产双羔时，间隔10～30分钟就能产出第二只羊羔。当母羊产出第一只羔后，仍有努责、阵痛的表现，即是产双羔的征候，应认真检查。羔羊出生后，先将羔羊口、鼻和耳内的黏液掏出擦净，以免误吞羊水，引起窒息或异物性肺炎。羔羊身上的黏液，应及早让母羊舔干，如果母羊不舔，可在羔羊身上撒些麸皮，放到母羊嘴边，促使母羊将它舔净。这样既可促进新生羔羊的血液循环，又有助于母羊认羔。

羔羊出生后，一般都能自己扯断脐带，这时可用5%碘酊在断处消毒。如羔羊自己不能扯断脐带时，接产人员要先把脐带内的血液向羔羊脐部顺捋几次，然后再用指甲刮断脐带，长度以3～4厘米为好，并对断端消毒处理。

在正常情况下，母羊舔完羔羊身体上的黏液后，羊羔就能摇摇晃晃地站起来找奶吃，这时首先要从母羊乳头中把奶塞挤掉，让羔羊及早吃上初乳。

羔羊出生后，胎衣在2～3小时内自然排出。要将胎衣及时拾走，不要让母羊吃掉，以免感染疾病。胎衣超过4小时不下时，就要采取治疗措施。

产羔如在寒冷季节，要做好产房的保暖防风工作。羔羊毛干得很慢时，可在产房内加温（用小火烤或生煤火），以防止羔羊感冒。如在炎热夏季产羔，要做好防暑通风工作，打开产房门窗散热通风，但不要把羊羔放在阴凉潮湿处。有些羔羊出生后不会吮乳，应加以训练。方法是：把乳汁挤在指尖上，然后将手指放在羔羊的嘴里让其学习吸吮。随后移动羔羊到母羊乳头上，以吸吮母乳。

（3）难产的处理　母羊难产比例较小，一般初产母羊因骨盆狭窄、阴道狭小，老龄母羊由于体弱无力、胎儿过大、胎位不正、子宫收缩无力等情况会出现难产。

羊膜破水后30分钟以上，仍未产出羊羔，或仅露蹄和嘴，母羊又无力努责时，就要助产。助产人员应事先将手指甲剪短、磨光，消毒手臂，涂上润滑油或肥皂，根据难产情况做相应处理。如胎位不正，需先将胎儿露出部分送回产道，将母羊后躯抬高，手入产道，校正胎位，随母羊的努责将胎儿拉出。如胎儿过大，可采用两种方法助产：一种是用手握住胎儿的两前肢，随着母羊的努责，慢慢用力向后下方拉出。另一种是随着母羊的努责，用手向后上方推动母羊腹部，这样反复几次就能产出；或将羔羊两前肢反复数次拉出和送入产道，然后一手拉前肢，一手扶头，随母羊努责缓慢向下方拉出。切忌不能用力过猛或不依努责节奏硬拉，以免拉伤阴道。

对助产产出的羔羊，如发育正常，有心跳，但不呼吸，称为假死。处理方法：一是提起羔羊两后肢，使其悬空，并不时拍打其背部；二是让羔羊平卧，用两手有节律地按压胸部两侧。经过如此处理，短时间假死的羔羊多能复苏。

3. 产后母羊和羔羊的护理

(1)产后母羊的护理 为使产后母羊尽快复原，应给予适当的护理，注意保暖、防潮、避风、预防感冒，保持安静休息。在产后1小时左右给母羊饮1～1.5升的温水，3天之内喂给质量好、易消化的饲料，减少精饲料喂量，以后逐渐转变为饲喂正常饲料，以防造成消化不良和发生乳房炎；产后不久的母羊不能饮冷水和冰水；羔羊断奶时，也要减少母羊多汁饲料、青贮料和精饲料的喂量；胎衣通常在产后2～3小时排出，应及时取走，以防母羊吞食；母羊一般在产后4～6小时排净恶露；检查母羊的乳房有无异常或硬块，并调教母羊护羔、授奶。

哺乳期羔羊的营养主要依靠母羊，母乳是羔羊生长发育所需营养的主要来源。母羊乳多羔羊生长发育就好，抗病力强，成活率高。因此，在产后1～3天，要对母羊进行补饲。母羊的补饲，要根据各地具体情况，以补饲多汁及优质干草为主，适当补喂精饲料，每天每只母羊0.25～0.5千克补充料，常用饲料配方为玉米粉35%、小麦麸47%、豆饼或菜(棉)籽饼15%、食盐0.5%和矿物质预混料2.5%等；或玉米粉54.0%、小麦麸27.0%、黑豆8.0%、豆饼8.0%、骨粉1.0%、脱氧磷酸氢铝1.0%、食盐1.0%。

(2)羔羊的护理　羔羊产出后，迅速将口、鼻、耳中的黏液掏出，让母羊舔净羔羊身上的黏液。如果羔羊发生窒息，可将两后肢提起，使头向下，轻拍胸壁或用胶管向气管徐徐吹气。注意羔羊的保温。

①辅助羔羊吃初乳　母羊产后1～7天为初乳分泌期。初乳浓稠，营养丰富，容易被羔羊吸收利用。第一天内的初乳中脂肪及蛋白质含量最高，次日急速下降。初乳中维生素含量较高，特别是维生素A，还含有高于常乳的镁、钾、钠等矿物质，并含有初生羔羊所需的母源抗体、抗氧化物和酶等。羔羊吃了初乳可促使其排出胎粪，增强对疾病的抵抗力。羔羊出生后1小时即可站立行走吃奶，如果新生羔羊体弱，或找不到乳头时，或母羊不认羔羊时，要设法帮助母子相认，保证羔羊吃到初乳。对有病羔羊要尽早发现、及时治疗，给予特别护理。

对失去或找不到母羊的羔羊，可进行人工哺乳。应选择乳脂率高的羊奶，30日龄前不宜用乳脂少的鲜奶。奶温以30℃左右为宜。开始5天内1天喂5次，以后减为1天3次，20天后1天2次。喂量为1～7天200克羊奶，7～15天300克，15～20天400～700克，20～30天700～900克，同时应注意羔羊的消化，有无腹胀、腹泻等症状。

在肉羊生产中，体温过低是新生羔羊体弱、死亡的主要原因。羔羊的正常体温是39℃～40℃，一旦低于36℃或37℃，如不及时采取措施会很快死亡。出现羔羊体温过低的主要原因：一是出生后5小时之内全身未擦干，机体散热过多；二是出生6小时以后(多半在12～72小时)因吃不足奶，导致饥饿而耗尽体内有限的能量储备，而自身又难以产生需要的热能。护理体温降低的羔羊，要尽快使其体温恢复到37℃，应用红外灯距羔羊120厘米，进行增温，或者采取其他增温措施。

对于母羊和出生后3天以内的羔羊，母子均应放入接羔室的母子栏内，3天以后转到室外母子圈，天气好时可赶到产羔用草地放牧。对体弱和母子不认的羊，应延长在室内母子栏内的饲养时间，直到羔羊健壮时再转群。为便于管理，母子群的羊可在母子同一体侧编上相同的临时号码。

②羔羊补饲　羔羊的哺乳期一般为2～3个月，母羊产后1个月奶量逐渐减少，往往不能满足羔羊生长发育的需要。因此，羔羊出生后10～15天，要训练其采食能力。先让羔羊学会采食饲草嫩叶，或选择优质、柔软的禾本科和豆科牧草，扎成直径为5厘米的小草把，吊在羊舍4周，让其采食；30日龄羔羊要让其采食混合精饲料，每只每天50～100克，60日龄羔羊100～150克。补饲的食盐和骨粉可混入精饲料中喂给。

③羔羊的去势　不适于种用的公羔，可在出生后15～30天内进行去势。去势后较容易管理，易肥育。如果早期即肥育出售，可不进行去势。

④羔羊的断奶与分群　羔羊30日龄以后消化道的生理功能逐步完善，逐渐由吸食母乳变为采食草料为主；60日龄后，羔羊前胃发育成熟，其功能与成年羊基本相同，此时就可以断奶了。确定羔羊断奶时间的一般指标为：体重达到初生重的2.5倍，采食饲料干物质在30克以上。一般于42～84日龄断奶。羔羊断奶后要分群饲养，强弱、公母分开饲养。

⑤预防羔羊疾病　羔羊容易发生的疾病有两种，一种是羔羊痢疾，一种是肺炎。羔羊痢疾主要是由于感染大肠杆菌、沙门氏菌和魏氏梭菌所引起，一般羔羊出生后2～4天，出现腹泻，粪便呈灰白色、淡黄色或绿色，贴在肛门附近，有特别的臭味，也有的粪便中有血液。羔羊精神、食欲不振，耳、鼻和四肢发凉，背弓起，颈屈头垂，全身无力，这种病死亡率较高，应注意预防和及时治疗。发生过羔羊痢疾的羊场，可注射疫苗预防，或在羔羊生后连续喂给青霉素片（5万单位/片），每天1～2片，连续4～5天。个别羔羊出现痢疾，可用盐酸土霉素10万单位，肌内注射，每天2～3次，连用3天；也可以用金霉素20～40毫克，甘氨酸钠2～4毫克溶解后静脉

注射;还可以用磺胺脒 0.5 克、次铋酸钠 0.2 克、鞣酸蛋白 0.2 克、小苏打 0.2 克,加水适量一次灌服,每隔 8 小时 1 次,连服 2～3 天。肺炎主要是由于气候骤然变冷或羊舍过于潮湿,二氧化碳气体不能及时排出而造成。患病羔羊呼吸促迫、咳嗽、气喘、流鼻涕,体温升高,无食欲。治疗可肌内注射青霉素 10 万单位,每天注射 2 次;也可以服用磺胺噻唑,第一次喂 2 克,以后每次 1 克,每天 3 次,连服 3～4 天。预防白肌病可以于吃料后,口服亚硒酸钠 3～5 毫克,隔 7 天再服 1 次。预防肠道疾病,可每周饮 1 次 0.1%高锰酸钾溶液。为防止体内外寄生虫的感染和蔓延,每年春、秋两季进行预防性驱虫。

(五)提高肉羊繁殖率的方法

1. 提高公羊繁殖力的方法

(1)加强种公羊的选育　常言道:"母羊好,好一窝。公羊好,好一坡",这充分说明了公羊在繁殖中的重要作用。选择体型外貌健壮,睾丸发育良好,雄性特征明显,生产性能优秀的公羊,经常检查种公羊的精液品质,淘汰不符合要求的公羊,并注重从繁殖力高(如产双羔、多羔)的后代中选择培育种公羊。

(2)提高种公羊的饲养水平　饲养水平对公羊的繁殖性能有直接影响。如公羊体内维生素 A 不足,影响精子形成,也可使已形成的精子死亡。配种季节应加强公羊的补饲,配种前期及配种期,应给予公羊足够的蛋白质、维生素和微量元素等营养。

(3)加强种公羊的调教　有规模的羊场对羊的管理方式是公、母分群,长期公、母分群的羊,刚进入繁殖期时,性欲不旺盛。另外,近年来,我国引进了许多国外肉羊品种,杂交改良国内肉羊品种。生产实践中发现,引进国外肉羊品种的公羊性欲不如国内的羊强,尤其是繁殖季节初期,部分公羊无性欲或性欲低下,不能配种,需要对种公羊进行调教。

调教方法:每天用温水擦洗被调教公羊的阴囊,然后按摩睾丸，将被调教公羊与发情母羊放在一起，把发情母羊阴道分泌物涂抹在公羊的鼻尖上刺激公羊性欲。公羊要每天坚持适量运动，并且应具有一定速度，不能与放牧一样边走边吃，这对于引进的肉用羊尤为重要，因为引进的肉羊特别是种公羊通常都能得到细心的照顾，营养良好，膘肥体壮，而运动量相对不足。另外，也可采用给药法，如注射丙酸睾丸素。

2. 提高母羊繁殖力的方法

(1)提高繁殖母羊的营养水平　在母羊配种前15天开始，每日补饲混合精饲料(玉米75%)，连续2个月，母羊发情期受胎率可提高29.92%；用含锌、硒和铜等元素的复合添加剂饲喂，母羊的受胎率可提高10%，繁育率可提高10%。在配种前2～3周，适当提高母羊的营养水平，能有效地提高母羊的排卵率和发情率。

(2)选育繁殖率高的母羊　母羊的繁殖力是有遗传性的。由多羔羊育成的母羊，产多羔的潜力也大。在选留母羊时，应选留产羔多，羔羊初生重大，泌乳性能好的个体。幼龄母羊应选自多胎的羔羊。第一胎生产多羔的母羊在以后的胎次中有较大的生产多羔的潜力。一般初产母羊能产双羔的，除了其本身繁殖力较高外，其后代也具有繁殖力高的遗传基础，这些羊可以选留作种用。

(3)缩短母羊的产羔间隔　缩短母羊的产羔间隔，其实质是打破山羊季节性繁殖的限制，使其一年内均能发情、配种与产羔，使能繁母羊每年生产更多的羔羊。过去，常规的繁殖方法，母羊1年1胎或2年3胎，羔羊3～4月龄断奶。为了缩短母羊产羔间隔，必须采取羔羊早期断奶。据许多试验证明，羔羊一般在5～6周龄断奶，其成活率不受影响。母羊3年产5胎，年繁殖率可提高10%。如果羔羊4周龄断奶，可以实现1年产2胎，母羊的年繁殖率可提高30%左右。

(4)应用免疫技术(双羔素)提高母羊繁殖率　若要提高羊的繁殖率，多产羊羔是技术关键。山羊双羔素是使母羊多产羔、产双羔的一项新技术，该技术的显著特点是便于操作，使用简单。具体方法是：在配种前42天第一次注射双羔素，21天后即发情；配种前21天进行第二次注射处理，每次1毫升，然后进行正常配种，能显著提高母羊产羔率。经2次注射后，产单羔的母羊可增加20%的双羔率；原有10%双羔率的母羊群可达到40%的双羔率，饲养条件好，母羊膘情越好，效果越佳。

(4)应用繁殖新技术提高母羊繁殖率

①同期发情　是利用某些激素和药物，对母羊发情周期进行同期化处理，人为地控制一群母羊在一定时间内集中发情的技术。其优点：一是有利于人工授精技术的推广应用；二是有利于分娩，便于组群和集约化生产；三是可提高母羊的繁殖力；四是为胚胎移植等技术创造条件。

同期发情的基本途径为延长或缩短黄体期。具体方法有孕激素处理法(延长黄体期)和前列腺素处理法(缩短黄体期)2种。

所谓孕激素处理法，即使用外源性孕激素使母羊体内的孕激素维持在一个较高水平，当外源孕激素停用后，体内孕激素迅速下降，卵泡开始生长发育并成熟，母羊表现同期发情。为了提高同期发情的效果，常在停止使用孕激素药物的同时，配合使用促进卵泡生长发育的药物孕马血清促性腺激素(PMSG)。采用孕激素处理羊时，常用以下3种方法：

第一种，孕激素阴道栓法。目前生产上常见的羊用阴道栓有2种形状：一种是海绵阴道栓，另一种是硅橡胶阴道栓。由于阴道栓的制作材料不同，产品形状各异，虽然使用时药效基本相同，但配种效果却有差异。因为海绵栓吸收水分，可吸收羊子宫、阴道内的分泌物，在长达数十天中，分泌物变质，部分羊取栓时有恶臭味，导致子宫颈口及周围有一定感染，影响受精；而硅橡胶阴道栓不吸水，对羊的正常受精无影响，但价格是海绵栓的2倍，成本很高，因此仅用于胚胎移植时的供体羊，海绵阴道栓成本较低，生产上常用于配种时羊的同期发情或胚胎移植时受体羊的处理。在羊发情周期的任意一天，将孕激素阴道栓放置在被处理羊的阴道深部，8～

14 天取出，取栓后几天内羊集中发情。

第二种，孕激素阴道栓＋PMSG 法。在羊发情周期的任意一天，将孕激素阴道栓放置在被处理羊的阴道深部，8～14 天取出，取栓的前 1 天或取栓同时，肌内注射 PMSG 250～400 单位，羊群取栓后 2～3 天便集中发情。这种方法比只用阴道栓同期发情效果好，平均同期发情率可达 95％以上，有时达 100％。

第三种，口服法。将一定量的孕激素制剂均匀拌在饲料中，连续饲喂 8～14 天后，停止喂药，大多数母羊可在几天内发情。此方法的优点是节省劳力，但由于羊的体格大小、强弱不同，采食的速度和多少也不一样，导致服药剂量不同，效果不很理想。

所谓前列腺素处理法，即应用前列腺素(PG)及其类似物，溶解母羊卵巢上的黄体，使母羊开始发情。目前国内最普遍使用的前列腺素类药物是氯前列烯醇($PGF_2\alpha$)。处理方法主要有以下 2 种：

一种是前列腺素一次注射法。在母羊发情周期的任一天，肌内注射氯前列烯醇 0.1～0.2 毫克，2～4 天处理羊发情。

另一种是前列腺素二次注射法。在母羊发情周期的任一天，肌内注射氯前列烯醇 0.1～0.2 毫克；间隔 9～12 天，第二次注射氯前列烯醇 0.1～0.2 毫克。

处理母羊集中发情，二次注射法比一次注射法同期发情效果好。原因是前列腺素类药物对母羊排卵 5 天后形成的黄体才有效，而对 5 天前的黄体效果不佳。因此，一次注射法对母羊进行同期发情时效果不很理想，而间隔 9～12 天后，母羊的黄体基本在 5 天以上，再次注射氯前列烯醇，黄体溶解，效果较好。

②超数排卵　应用外源性激素诱发卵巢多个卵泡发育，并排出具有受精能力的卵子的方法。超数排卵常用药品有 2 种，即促卵泡素(FSH)和孕马血清促性腺激素(PMSG)。为了提高超数排卵的效果，往往是多种激素配合使用。在养羊业生产中，超数排卵不经常单独应用，通常是在羊的胚胎移植中应用。超数排卵的方

法见胚胎移植。

③胚胎移植　也叫借腹怀胎，是指将良种母羊配种后的早期胚胎取出，或由体外受精及其他方式获得的胚胎，移植到同种、生理状况相同或相似的母羊体内，使之继续发育成为新个体的技术。提供胚胎的母羊叫供体羊，接受胚胎的母羊叫受体羊。

胚胎移植的程序如下：

其一，供体、受体母羊的选择。供体母羊的选择原则是：具有较高的种用价值或生产性能较高，遗传性稳定，系谱清楚，体质健壮，无任何遗传性和传染性疾病，繁殖性能正常，无生殖性疾病，最好是经过证明对超数排卵反应好的母羊；受体母羊的选择原则是：健康，营养良好，繁殖性能正常，无生殖道和习惯性流产等疾病，最好是经产母羊。

其二，供体羊和受体羊做同期发情处理（见同期发情）。

其三，供体母羊的超数排卵。超数排卵最好在羊的最佳繁殖季节，即每年秋季进行。要取得较理想的超排效果，供体母羊在超排前要观察 2 个完整的发情周期。

超数排卵的方法：对发情周期正常的供体羊，先保定，再对其外阴部进行清洗和消毒，用放栓枪将阴道栓放置到羊的阴道深处。供体羊在放栓后的 15～18 天，连续 4 天注射促卵泡素（FSH），每日早晚各注射 1 次，在注射促卵泡素的第七针时，将阴道栓取出。当羊表现发情时，注射垂体促黄体素（LH）或类似药物，开始配种。药物的用量因羊的品种、个体大小不同而不同。使用不同生产厂家的药物剂量差别很大。表 4-3 是波尔山羊超数排卵方案，供参考。

表 4-3　波尔山羊超数排卵方案

时　间	上　午	下　午
当天		放栓
第九天		换栓
第十五天	肌内注射 1.1 毫升 FSH	肌内注射 1.1 毫升 FSH

续表 4-3

时间	上午	下午
第十六天	肌内注射 1.1 毫升 FSH	肌内注射 1.1 毫升 FSH
第十七天	肌内注射 1.1 毫升 FSH	肌内注射 1.1 毫升 FSH
第十八天	肌内注射 1.1 毫升 FSH，撤栓	肌内注射 1.1 毫升 FSH，试情，注射 LH 150 国际单位
第十九天	配种	配种
第二十天	配种	配种
第二十二天	肌内注射孕酮	肌内注射孕酮
第二十三天	肌内注射孕酮	肌内注射孕酮
第二十四天	肌内注射孕酮	肌内注射孕酮
第二十五天	冲取胚胎和胚胎移植	

注：FSH——新西兰产，规格：40 毫克/20 毫升

其四，供体母羊的配种。与供体母羊配种的公羊要经过育种值或后裔测定，要求公羊品质优秀，遗传性稳定，精液品质好。配种时要求输精量要大，输精次数要多。通常的做法是：母羊发情就配种，8～12 小时配 1 次，直到发情结束。

其五，胚胎的收集，也称采胚或采卵。一般是 3 天左右受精卵在输卵管中，从输卵管冲取胚胎；7 天左右受精卵到达子宫角，从子宫冲取胚胎。羊常用手术法冲胚。

其六，胚胎的检查与鉴定。借助体视显微镜，把胚胎从冲胚液中拣出来，然后按照胚胎鉴定标准，将胚胎分成 A、B、C、D 4 个等级，A 级胚胎最好，D 级为不可用胚胎，根据胚胎的多少、优劣进行合理搭配移植。

其七，移植。移植的方法同冲胚方法，移植的原则是：从哪个部位冲出的胚胎移植到受体母羊的哪个部位。

三、山羊的选育

(一)山羊品种的选择

南方地区如秦岭和淮河以南的长江、珠江流域,西南的云贵高原等地区,处于亚热带地区或热带地区,气候温暖湿润,雨量充沛,牧草和饲料丰富,应根据当地的条件选择适合的肉用山羊品种进行养殖。如南江黄羊、成都麻羊、马头山羊、隆林山羊、雷州山羊、陕南白山羊、板角山羊、贵州白山羊、福清山羊、都安山羊和海门山羊等都是当地产肉性能较好的山羊品种。并用泌乳性能好的奶山羊萨能奶山羊、崂山奶山羊、关中奶山羊及引入的著名肉山羊品种——波尔山羊与其进行杂交改良,可提高产肉性能和繁殖性能。

(二)选择种羊

1. 种公羊的选择 种公羊应体质健康结实,精力充沛,活泼敏捷,食欲旺盛。头略粗重,眼大且突出,颈宽且长,肌肉发达,鬐甲高于荐部,胸深而宽,肋骨拱起,背平直,背腰平宽,尻平而宽长,四肢端正,体躯长大,腹大而不下垂,被毛较粗而长有光泽,具有雄性的悍威。睾丸大小适中,单睾、隐睾及任何生殖器官畸形都不能作种用。鸣声高昂、膻味重是性欲旺盛的表现。具有本品种的优良生产性能。

2. 种母羊的选择 种母羊应反应灵敏,神态活泼,行走轻快,头高昂,食欲旺盛,生长发育正常,皮肤柔软富有弹性。作为奶用的种母羊应外貌清秀、骨细、皮薄、鼻直、嘴大,体躯高大,胸深而宽,肋骨拱张,背腰宽长,腹大而不下垂,尻部宽长而平,后躯宽深,不肥胖。乳房发达而有弹性,乳头大而整齐。青年羊的乳房圆润紧凑,紧紧地附着于腹部。老龄羊的乳房多表现下垂、松弛,呈长圆桶状。山羊乳房以紧凑、大型为好。生产性能良好。

3. 羔羊的选择　优先选留亲代生产性能好的后代，初生重大，生长发育良好，外貌好，体躯长，后躯方正，四肢及头部端正，鬐甲高与尻高基本相等。

（三）山羊的杂交改良

杂交是指 2 个或 2 个以上品种的山羊交配繁育的方法。为了改进原有品种的品质，或培育新品种，常采用杂交繁殖的方法。

1. 杂交方法　杂交是指不同品种间的公、母羊交配，其后代称为杂种。根据杂交目的的不同，杂交的方法可分为导入杂交、级进杂交、经济杂交、育成杂交等。

（1）导入杂交　当一个品种已基本上满足需求，而又在某一方面还有较严重的缺点时，可利用生产方向一致，并能改良此品种某一方面缺点的另一品种进行杂交，而尽量保留此品种主要品质。改良用的品种只与部分原品种母羊杂交 1 次，杂交后代再用公羊回交 1～2 次，以获得含外血 1/8～1/4 的后代，用此进行自群繁育。

（2）级进杂交　又叫吸收杂交或改造杂交。将本地生产性能差的母羊（被改良品种）与生产性能高的纯种公羊（改良品种）交配，以后再将杂种母羊和同一改良品种公羊交配，如此连续 3～4 代，生产性能、外形接近于改良品种，可以自群繁育（横交固定）。这样能得到生产性能高，又适应当地自然条件的新品种。

（3）经济杂交　用 2 个或 2 个以上的品种进行杂交，获得一代杂种的杂交优势，生长发育快、成熟早、适应性强，可节省成本，增加收益，叫做经济杂交。此法多用于肉用山羊的生产。经济杂交要选好杂交组合，一般是选引进的优良品种为父本，当地分布广、繁殖性能好、适应性强的本地羊为母本，并注意改善饲养管理和培育条件，以使杂交种生长发育良好，杂交优势得到充分体现。

（4）育成杂交　即利用杂交的方法培育出一个生产性能高的新品种，叫育成杂交。用 2 个品种杂交育成新品种的，称简单育成杂交;用 3 个以上品种杂交育成的新品种,称为复杂育成杂交。一般分为三个阶段:即杂交阶段,自群繁育横交固定阶段,形成品种和巩固提高阶段。

2. 杂交改良 南方大部地区饲养以产肉为主的山羊,但产肉性能较差,应引进优良的肉用山羊品种,如波尔山羊、南江黄羊等加以改良。南江黄羊是我国产肉性能最好的肉用山羊新品种,全国已有 10 多个省、自治区引进,用于改良本地山羊,效果很好。如在浙江,本地山羊 11 月龄阉羊体重 21.83 千克,胴体重 10.93 千克;用南江黄羊杂交后,一代杂种羊 11 月龄阉羊体重 32.1 千克,胴体重 17.58 千克。波尔山羊是世界产肉性能最好的肉用山羊品种,对提高当地山羊产肉性能效果显著,我国已有 10 多个省、自治区用波尔山羊杂交改良本地山羊,均取得良好的效果。例如,波尔山羊与宜昌白山羊杂交,杂种羊 5 月龄体重达 23.9 千克,与同龄宜昌白山羊相比,多增重 81.1%;波尔山羊与广西本地黑山羊杂交,8 月龄杂种羊体重达 35 千克,与同龄黑山羊相比,多增重 50% 以上。

3. 杂交组合模式 常用的杂交组合有二元杂交和三元杂交两种。

(1)二元杂交 以本地肉山羊为母本,外来山羊品种或地方优良品种为父本的杂交组合叫二元杂交。这种模式良繁体系建立较简单,只需对本地母羊进行提纯选优,选择和培育体型较大、产仔多、繁殖率高的个体作母本,再用引进的外来品种或地方优良品种山羊作父本,杂交组合后即可明显提高后代商品羊的生产性能,杂交改良周期短,母羊基数大,饲养管理相对粗放,适合农村千家万户小规模饲养,便于大面积推广。其杂交组合模式如:波♂×本♀、努♂×本♀、萨♂×本♀、南江黄♂×本♀等。

(2)三元杂交 母本为本地山羊,第一父本用引进外来山羊品种,第二父本用另一外来山羊品种。这种模式杂交改良效果显著,但良繁体系建立较复杂,需先培育二元杂交母羊,然后再进行二次杂交培育商品羊，饲养管理要求较高，主要适合规模羊场和养羊专业大户。一般选择体型大、生长速度快、产仔多、繁殖率高、泌乳性能好、适应性强的努比亚、萨能等外来品种山羊或优势明显的地方品种作第一父本，增大杂交一代的体型和提高母羊的泌乳量，选体型大、生长速度快、产肉性能好、屠宰率高的波尔山羊作第二父本，充分发挥后代的肉用性能。其三元杂交组合模式有：波♂×(努♂×本♀)和波♂×(萨♂×本♀)等。

(四)纯种繁育

纯种繁育是指在品种内进行繁殖和选育，即在同一品种范围内通过选种、选配、培育等措施，保持品种纯度，不断提高品种质量的一种方法。其途径有三种：

1. 地方良种选育　南方有不少山羊地方良种，如黄淮山羊、成都麻羊、贵州白山羊、云南龙陵山羊、湖南马头山羊、湖北宜昌白山羊、江苏海门山羊、福建福清山羊、广东雷州山羊、广西隆林山羊、广西都安山羊、陕南白山羊和长江三角洲白山羊等。它们的产品方向和生产性能基本上符合需求，并具有某种特色，可在不改变生产方向和特色的前提下，采用本品种选育的方法为好。选择优秀的公、母山羊个体进行选配，不断提高本品种生产性能和品种特色。

2. 纯种繁育　纯种繁育是指同一个品种，但来源不相接近的公、母羊进行交配，可防止近交，保持品种内纯度。一般在保种区内同一品种养羊户(场)之间交换公羊，进行纯种繁育。

3. 品系繁育　品系是在一个品种内彼此有亲缘关系，具有共同特点个体组成的遗传性稳定的群体。品系繁育就是在同一个品种内选择有一定差异并有各自的特点的个体，组合成互相间无亲缘关系的品系，通过品系间杂交提高品种的生产性能。分为三个阶段：一是在一个品种内根据血缘关系或生产特征建立若干个品系基础群；二是各基础群组群后各自闭锁繁育，建立品系；三是开展品系间杂交，提高品种质量。

第五章　肉用山羊的营养与饲料

一、山羊的消化道特点

(一)消化道构造及功能

山羊是反刍家畜，有 4 个胃，前 3 个胃无腺体组织，统称为前胃。第一胃叫瘤胃，为椭圆形，是 4 个胃中最大的，平均容积为 25 升，其功能是容纳采食的食物，作为临时贮存和发酵罐，然后慢慢咀嚼磨碎，进行饲草饲料的发酵和营养物的消化与合成。第二胃叫网胃，又名蜂巢胃，为球形，内壁分割成许多网格如蜂巢状，平均容积为 2 升，第一、第二胃紧连在一起，其消化生理作用基本相似，除机械作用外，也可利用微生物进行分解消化食物。第三胃叫重瓣胃，又名百叶胃，平均容积为 0.9 升，内壁有无数纵列的褶膜，对食物进行机械的压榨作用。第四胃叫皱胃，也叫真胃，为圆锥形，平均容积为 3.3 升，胃壁有腺体组织，分泌胃液，主要为盐酸和胃蛋白酶，食物在胃液的作用下进行消化。

小肠是山羊消化吸收营养物质的主要器官，长 17～25 米，多弯曲，食物在小肠多种消化酶的作用下被消化、分解、吸收，肠道越长，吸收能力越强，未被消化的食物，经肠蠕动进入大肠。大肠长 4～13 米，同时也有消化吸收功能，未被消化吸收的残渣形成粪便排出。

(二)反刍功能

反刍是山羊消化饲草饲料的一个过程。山羊瘤胃容积很大，能在短时间内大量采食，将未经咀嚼的食物咽下，进入瘤胃，当山羊停止采食或休息时，瘤胃内被浸软、混有瘤胃液的食物会自动沿食管成团逆呕到口中，经反复咀嚼后再吞咽入瘤胃，而后再咀嚼吞咽另一食团，如此反复，称之为反刍。反刍是周期性的，正常情况下，在采食后40～70分钟即出现第一次反刍，每次持续40～60分钟，每个食团一般咀嚼40次左右，反刍次数的多少、反刍时间的长短与采食饲料种类有密切的关系。

(三)瘤胃的消化生理特点

瘤胃中存在着大量的微生物(细菌和纤毛虫)，这些微生物能够分泌家畜本身所不能分泌的酶，这就使反刍家畜和非反刍家畜在饲料养分的消化方面有明显的不同。瘤胃可以看作是一个高效率的发酵罐，在1克瘤胃内容物中有500亿～1 000亿个细菌，1毫升瘤胃液中有20万～400万个纤毛虫，其中起主导作用的是细菌。这些瘤胃微生物能将58%～80%的粗纤维分解消化，可将含氮化合物合成为菌体蛋白，还可以在羊身体内合成维生素B_1、维生素B_2、维生素B_{12}、维生素K，满足自身需要。

(四)羔羊的消化特点

初生时期羔羊前3胃的容积较小，没有消化粗纤维的能力。因此，初生羔羊只能依靠哺乳来满足营养需要。随着日龄的增长和采食量的增加，前3胃的容积逐渐增大，大约20日龄后开始有反刍活动。这时真胃凝乳酶的分泌逐渐减少，其他消化酶的分泌逐渐增多，能对采食的部分草料进行分解。在哺乳早期，人工补饲易消化的植物性饲料，可以促进前胃的发育，增强对植物性饲料的消化能力，提前出现反刍活动。随着日龄的增长，前胃迅速发育，在前胃逐渐建立起比较完善的微生物区系。

二、山羊的营养需要与饲养标准

(一)营养需要

山羊的营养需要包括维持需要和生产需要。维持需要是指为了维持其正常生命活动，体重既不增加，也不减少，又不生产，其基本生理活动所需要的营养物质。生产需要是指包括生长、繁殖、泌乳和产毛等生理活动的营养需要。

1. 能量 饲料能量是山羊的基础营养，肉用山羊对能量的需要，实质上是对饲料中90%以上有机物的总需求。能量是用于机体维持的主要养分。在山羊饲养中，应首先保证山羊能够采食到足量的干物质，才能满足能量需要。只有能量得到满足后，蛋白质、维生素、矿物质等营养才能发挥其应有的营养作用。

碳水化合物是植物体的主要成分，是畜禽饲料中最重要的能量来源。碳水化合物的主要功用是为机体提供能量，参与黏多糖、糖蛋白等合成，是维持正常体温和生命活动的必需物质。

饲料中的碳水化合物主要是淀粉和纤维性物质，它们主要经羊的瘤胃微生物作用而被分解、吸收。而山羊对粗纤维的消化率为50%～90%。为了提高山羊对粗纤维的消化率，应注意以下几点：①日粮中的粗蛋白质水平不能太低，一般应达到10%～14%；粗纤维的含量也不能太高，一般为16%～18%。②食盐对改善瘤胃消化和提高粗纤维消化率有重要意义，可在日粮中添加适量食盐。③饲草等粗饲料适当切短可提高消化率，但如切得过短或粉碎过细，反而降低消化率，因此，干草、稻草和秸秆等的切短长度最好在4厘米左右，切忌碾成草粉喂羊。并且山羊舍饲饲养时，应注意日粮中的粗纤维含量，可喂一些山芋藤、花生藤等优质粗饲料。

2. 蛋白质 蛋白质是一种含氮化合物，它的基本组成是氨基酸，氨基酸的种类很多，但组成蛋白质的仅有20多种。蛋白质是构成机体组织、细胞的主要成分，是修补机体组织的必需物质，还可以代替碳水化合物和脂肪的产热作用，供给机体热能的需要。因此，蛋白质是维持山羊正常代谢、生长、繁殖和生产各种产品所必需的营养物质。

山羊日粮中蛋白质不足时，会影响瘤胃的生理作用，导致生长发育缓慢，繁殖率、产奶量下降。严重缺乏时，会导致消化功能紊乱，体重下降，贫血、水肿以至抗病力减弱。但如果饲喂蛋白质过量，多余的蛋白质变成低效的能量，则很不经济，过量的非蛋白氮和高水平的可溶性蛋白还可造成氨中毒。所以，合理的蛋白质水平很重要。

山羊是反刍家畜，反刍家畜的蛋白质营养主要是瘤胃微生物蛋白质的营养。根据这一特点，可在日粮中添加适量尿素作为饲料蛋白质的代用品。一般山羊日粮中的蛋白质含量在6%～10%时，添加尿素的效果最佳。

反刍动物需要的蛋白质可以由瘤胃微生物蛋白质提供，但由于微生物蛋白质的合成有一定限度，当蛋白质需要量较大时，就必须靠瘤胃内不分解的饲料蛋白质（过瘤胃蛋白）来提供。一般快速生长的羔羊期和泌乳期需要补充过瘤胃蛋白质，在这些阶段如果饲喂降解率高的饲料，不但满足不了羊的蛋白质需要，而且易造成饲料蛋白质的浪费。饲料蛋白质在瘤胃内分解的比例（称为降解率）因饲料种类的不同而异，饼粕类、大麦、青贮饲料等饲料的蛋白质瘤胃降解率较高，而玉米、鱼粉、啤酒糟等饲料的瘤胃降解率较低。

3. 脂肪 畜体的多种器官和组织，如肌肉、神经中均含有脂质，主要有卵磷脂、脑磷脂和胆固醇等；细胞膜也是由脂肪和蛋白质等按一定比例组成，脂肪可以转化成能量，维持体温和体能消耗，特别是某些脂肪酸不能在体内合成，必须从饲料中获得；脂肪还是某些维生素的溶剂，如维生素A、维生素D、维生素E、维生素K被山羊采食后，必须溶解于脂肪中才能吸收。山羊以采食青草、秸秆等为主，这些饲料中的脂肪含量不高，而且主要为不饱和脂肪酸，不饱和脂肪酸在瘤胃中经过氢化作用，变为饱和脂肪酸，进入小肠后，被消化吸收，变成体脂肪贮存于皮下和腹内，由于这一作用，山羊肉中的脂肪比较硬，即熔点高，易分离。为了加快山羊的肥育速度，近年来，有些地方已采用高能日粮饲喂肥育羊。

4. 维生素 维生素包括：水溶性维生素（B族维生素、维生素C等）和脂溶性维生素（维生素A、维生素D、维生素E、维生素K

等)。维生素在机体的新陈代谢、能量转换和神经调节上起着重要的作用。

(1)维生素 A　为正常视力所必需,也是皮肤和其他上皮组织(如消化道和生殖器官)维持所必需。当维生素 A 长期摄入不足时,将影响山羊的正常视力,引起上皮组织干燥和过度角化,易发生细菌感染及一系列的继发病变,特别是对眼、呼吸道、消化道、泌尿及生殖器官的影响最明显,还可使羔羊生长发育受阻,山羊性周期异常,公羊精液品质下降等。

(2)维生素 D　是钙、磷吸收和代谢所必需的。维生素 D 长期不足,可导致钙、磷代谢紊乱,影响山羊骨骼的正常发育,使生长羊患佝偻病,成年山羊患骨软症,妊娠羊易发生产后瘫痪。

(3)维生素 E　具有生物催化剂和抗氧化剂的作用,能改善机体对氧的利用和提高某些酸的活性,防止易氧化物质(维生素 A 和不饱和脂肪酸等)在饲料、消化道以及内源代谢中被氧化。这对山羊等反刍家畜特别重要,因为山羊饲料中的脂肪主要以不饱和脂肪酸为主,维生素 E 的存在保证了山羊对饲料脂肪的消化吸收。维生素 E 还与山羊的繁殖有关,缺乏时会使母羊不孕、流产,公羊发生睾丸萎缩等。羔羊缺乏维生素 E 可发生白肌病(一种肌肉营养不良症)。

(4)维生素 K　是血液正常凝固不可缺少的因子,因反刍家畜瘤胃微生物能够合成,故山羊无需从饲料中摄取。

(5)B 族维生素　包括硫胺素、核黄素、吡哆醇、烟酸、叶酸、生物素、胆碱及维生素 B_{12} 等。B 族维生素主要作为细胞的酶,催化碳水化合物、脂肪和蛋白质代谢中的各种反应,缺乏时,会严重影响山羊的生产力和抗病力。

(6)维生素 C　又称抗坏血酸,参与机体内一系列的代谢过程,并具有抗氧化作用,在夏季高温、生理紧张、运输等应激情况下,在饲料中添加适量的维生素 C,能有效地减少逆境因素对山羊的不利影响。

山羊采食的青草、树叶和干草等，含有丰富维生素A和维生素E，瘤胃微生物能合成B族维生素和维生素K。维生素D则可通过放牧、运动中借助紫外线的照射作用，在皮下细胞中合成，也可通过采食干草获得。因此，正常情况下，山羊饲料中不需要添加维生素，但在冬春枯草季节或舍饲时，应注意补充。山羊在瘤胃功能异常时，则需从饲料中添加或饲喂含此类维生素的饲料、饲草。

5. 矿物质 许多矿物质与维生素一样，在机体内作为辅酶而起作用，有的矿物质本身就是酶或激素的组成成分；矿物质还具有调节血液、淋巴液的渗透压稳定和酸碱平衡的作用。因此，它不仅关系到山羊本身的生长发育，还关系到山羊生产力的提高。山羊生长发育过程中需要钙、磷、钾、钠、氯、镁、硫等常量元素和铁、铜、锌、锰、钴、碘、硒等微量元素。

(1)钙 是骨骼和牙齿的重要构成成分，血液中的钙具有抑制神经肌肉兴奋性，以及促进凝血和保持细胞膜完整性的作用。血钙过低时，山羊会发生痉挛，不加以治疗将造成死亡。钙在骨骼中会不断地消失，即使是成年而不生长的羊只，也必须从饲料中不断地摄取钙。钙不足的主要症状为骨骼病变，病羊运步艰难，步态拘谨、步幅短小及跛行。

(2)磷 是存在于骨骼中的另一重要元素，广泛分布于软骨组织中，在体内能量转换过程中以及多种维生素的利用上，都需要磷的参与。磷也是动物机体中磷酸盐的成分，参与糖类、脂质及氨基酸的代谢，并对维持血液正常pH值具有重要作用。磷缺乏时，常引起羔羊佝偻病，成年羊发生骨软症或骨质疏松症，还可出现异嗜癖。在正常情况下，体内钙、磷的比例为2∶1。钙、磷比例失调也会引起缺乏钙、磷的类似症状。

(3)钠、钾、氯 存在于动物的体液和软组织中，在维持体液的酸碱平衡和渗透压平衡，水的代谢以及转送营养物质、排泄废物上起着重要作用。碳酸氢钠和碳酸氢钾是反刍动物唾液的主要成分，在中和瘤胃酸度上极为重要。氯还构成胃液成分，激活胃蛋白质酶原。食盐则具有调味作用，能刺激唾液分泌，增进食欲，促进消化。

(4)铁　主要生理功能是构成血红蛋白，也是一些酶类的组成成分。缺铁的主要症状是贫血，如黏膜苍白、食欲下降、呼吸困难、精神萎靡不振、衰弱无力、生长停止等。但铁过量也有害，会影响磷和铜的吸收。

(5)铜　与动物血细胞的生成有关。缺铜的典型症状是贫血，缺铜时细胞色素合成受到抑制，有色羊的羊毛会变白色；骨骼发育不良，结构疏松，容易骨折；生长发育停滞。但铜过量时会发生铜中毒，表现为食欲废绝、口渴、表情冷漠，出现呼吸困难和痉挛等。

(6)钴　参与体内新陈代谢和维生素 B_{12} 的合成。羊的钴缺乏症时有出现，主要表现为食欲减退和异嗜癖，身体瘦弱，体重减轻，贫血，被毛粗乱等。在钴过量时会出现与上述类似的症状。

(7)锌　参与体内的多种代谢，与家畜的繁殖功能、上皮组织保护有关。缺锌时羊的生殖功能减退，公羊更明显，鼻腔和口腔中黏膜发炎、出血，皮肤增厚，体毛粗糙，关节僵硬，肿胀，流涎。锌过量会导致中毒，但很少见。

(8)硒　是一种酶的组成元素，与维生素 E 协同保护不饱和脂肪酸不被氧化。在缺硒时会发生羔羊的白肌病，即营养性肌肉萎缩，而且呈地方性流行。病羊生长发育受阻，山羊繁殖功能紊乱，多空怀和死胎。硒过量会引起硒中毒，表现为掉毛，蹄部溃疡甚至蹄匣脱落，繁殖力显著下降。

(9)锰　对骨骼发育和繁殖都有作用。缺锰时会导致初生羔羊运动失调，生长发育受阻，骨骼畸形，繁殖力降低。

山羊需要多种矿物质，但大部分可以从优质饲草和常规混合精饲料中补充，主要矿物质钙、磷和食盐(植物性饲料中所含的钠和氯不能满足山羊的需要)，需在日粮中添加。同时，补盐还能刺激羊的食欲。由于山羊一般不会根据自身的需要自由选择矿物质，因此，最好通过混合精饲料或混在多汁饲料、切碎的青草内给饲。除食盐外，舍饲期饲养的妊娠母羊、哺乳母羊、种公羊和生长发育羊，需补充一定量的钙和磷。钙、磷丰富的矿物饲料主要有骨粉、沸石粉、磷酸钙石粉等矿物质添加剂。要求日粮中钙含量0.6%～1.0%，磷含量0.4%～0.5%，钙、磷比例为2∶1。一般种公羊每日需补骨粉10克左右，其他羊和杂交羊每日需补5克左右。把添加的矿物质按需要比例与食盐一起配制成“舔砖”，让羊舔食，不仅能满足山羊对矿物质的需要，而且使用方便，适合在广大农村使用。羊“营养舔砖”是以食盐、尿素、矿物质、其他营养物质和黏合剂等组成，通过机器压制成块状。可供羊直接舔食，补充它们的营养需要。

6. 水分 水是动物所必需的最重要的营养物质之一，也是最便宜的饲料成分，但往往容易被人们所忽视。水是组成体液的主要成分，对正常的物质代谢有特殊的作用。各种营养物质在体内消化、吸收、运输、代谢等生理活动都需要水。另外，水可调节体温，保持体温恒定。水还参与体内的各种生化反应，调节体内的渗透压，保持细胞的正常形态。因此，随时供给饮水极为重要。山羊的耐渴能力比耐饥能力更弱，换句话说，缺水比缺料时死亡更快。长时间饮水不足，会造成组织和器官缺水，消化功能减弱，食欲下降，影响体内代谢。机体失水10%，代谢就有可能紊乱；失水20%，就有死亡的危险。在放牧条件下的山羊一般不会缺水，但舍饲山羊要注意供水。在温和气候下，成年山羊每天需4～15升的饮水，饮水要求清洁，硬度适中，冬季不要饮用冰碴儿水。

羊机体内水的主要来源包括饮水、饲料水和代谢水。需水量受年龄、机体代谢水平、环境温度、生理阶段、体重、采食量和饲料组成等因素的影响。在自由采食的情况下，饮水量为干物质采食量的2～4倍。摄入总水量（TWI）和干物质采食量（DMI）显著相关，其公式为：$TWI=3.86DMI-0.99$

（二）肉用山羊的营养需要量

肉用山羊的营养需要量也称之饲养标准，是根据山羊的性别、年龄、体重、生理状态和各种生产性能等条件，制定的山羊对能量和各种营养物质的需要量。它是在科学试验的基础上，结合生产实际制定的一种技术标准，它所规定的量略高于实际需要量。只有合理应用饲养标准，并按此配制饲粮，才能满足肉用山羊的营养需要，保证羊群健康并发挥最佳生产性能，达到降本增效的目的。为肉用山羊配合饲粮时，必须以饲养标准为依据，肉山羊各阶段饲养标准见表 5-1 至表 5-13。

表 5-1　生长肥育山羊羔羊每日营养需要量

体重（千克）	日增重（千克/天）	干物质进食量（千克/天）	消化能（兆焦/天）	代谢能（兆焦/天）	粗蛋白质（克/天）	钙（克/天）	总磷（克/天）	食盐（克/天）
1	0	0.12	0.55	0.46	3	0.1	0.05	0.6
	0.02	0.12	0.71	0.60	9	0.8	0.5	0.6
	0.04	0.12	0.89	0.75	14	1.5	1.0	0.6
2	0	0.13	0.90	0.76	5	0.1	0.1	0.7
	0.02	0.13	1.08	0.91	11	0.8	0.6	0.7
	0.04	0.13	1.26	1.06	16	1.6	1.0	0.7
	0.06	0.13	1.43	1.20	22	2.3	1.5	0.7
4	0	0.18	1.64	1.38	9	0.3	0.2	0.9
	0.02	0.18	1.93	1.62	16	1.0	0.7	0.9
	0.04	0.18	2.20	1.85	22	1.7	1.1	0.9
	0.06	0.18	2.48	2.08	29	2.4	1.6	0.9
	0.08	0.18	2.76	2.32	35	3.1	2.1	0.9
6	0	0.27	2.29	1.88	11	0.4	0.3	1.3
	0.02	0.27	2.32	1.90	22	1.1	0.7	1.3
	0.04	0.27	3.06	2.51	33	1.8	1.2	1.3
	0.06	0.27	3.79	3.11	44	2.5	1.7	1.3
	0.08	0.27	4.54	3.72	55	3.3	2.2	1.3
	0.10	0.27	5.27	4.32	67	4.0	2.6	1.3

续表 5-1

体重（千克）	日增重（千克/天）	干物质进食量（千克/天）	消化能（兆焦/天）	代谢能（兆焦/天）	粗蛋白质（克/天）	钙（克/天）	总磷（克/天）	食盐（克/天）
8	0	0.33	1.96	1.61	13	0.5	0.4	1.7
	0.02	0.33	3.05	2.50	24	1.2	0.8	1.7
	0.04	0.33	4.11	3.37	36	2.0	1.3	1.7
	0.06	0.33	5.18	4.25	47	2.7	1.8	1.7
	0.08	0.33	6.26	5.13	58	3.4	2.3	1.7
	0.10	0.33	7.33	6.01	69	4.1	2.7	1.7
10	0	0.46	2.33	1.91	16	0.7	0.4	2.3
	0.02	0.48	3.73	3.06	27	1.4	0.9	2.4
	0.04	0.50	5.15	4.22	38	2.1	1.4	2.5
	0.06	0.52	6.55	5.37	49	2.8	1.9	2.6
	0.08	0.54	7.96	6.53	60	3.5	2.3	2.7
	0.10	0.56	9.38	7.69	72	4.2	2.8	2.8
12	0	0.48	2.67	2.19	18	0.8	0.5	2.4
	0.02	0.50	4.41	3.62	29	1.5	1.0	2.5
	0.04	0.52	6.16	5.05	40	2.2	1.5	2.6
	0.06	0.54	7.90	6.48	52	2.9	2.0	2.7
	0.08	0.56	9.65	7.91	63	3.7	2.4	2.8
	0.10	0.58	11.40	9.35	74	4.4	2.9	2.9
14	0	0.50	2.99	2.45	20	0.9	0.6	2.5
	0.02	0.52	5.07	4.16	31	1.6	1.1	2.6
	0.04	0.54	7.16	5.87	43	2.4	1.6	2.7
	0.06	0.56	9.24	7.58	54	3.1	2.0	2.8
	0.08	0.58	11.33	9.29	65	3.8	2.5	2.9
	0.10	0.60	13.40	10.99	76	4.5	3.0	3.0

续表 5-1

体重（千克）	日增重（千克/天）	干物质进食量（千克/天）	消化能（兆焦/天）	代谢能（兆焦/天）	粗蛋白质（克/天）	钙（克/天）	总磷（克/天）	食盐（克/天）
16	0	0.52	3.30	2.71	22	1.1	0.7	2.6
	0.02	0.54	5.73	4.70	34	1.8	1.2	2.7
	0.04	0.56	8.15	6.68	45	2.5	1.7	2.8
	0.06	0.58	10.56	8.66	56	3.2	2.1	2.9
	0.08	0.60	12.99	10.65	67	3.9	2.6	3.0
	0.10	0.62	15.43	12.65	78	4.6	3.1	3.1

引自《肉羊饲养标准》NY/T 816-2004

表 5-2 肥育山羊每日营养需要量

体重（千克）	日增重（千克/天）	干物质进食量（千克/天）	消化能（兆焦/天）	代谢能（兆焦/天）	粗蛋白质（克/天）	钙（克/天）	总磷（克/天）	食盐（克/天）
15	0	0.51	5.36	4.40	43	1.0	0.7	2.6
	0.05	0.56	5.83	4.78	54	2.8	1.9	2.8
	0.10	0.61	6.29	5.15	64	4.6	3.0	3.1
	0.15	0.66	6.75	5.54	74	6.4	4.2	3.3
	0.20	0.71	7.21	5.91	84	8.1	5.4	3.6
20	0	0.56	6.44	5.28	47	1.3	0.9	2.8
	0.05	0.61	6.91	5.66	57	3.1	1.1	3.1
	0.10	0.66	7.37	6.04	67	4.9	3.3	3.3
	0.15	0.71	7.83	6.42	77	6.7	4.5	3.6
	0.20	0.76	8.29	6.80	87	8.5	5.6	3.8
25	0	0.61	7.46	6.12	50	1.7	1.1	3.0
	0.05	0.66	7.92	6.49	60	3.5	2.3	3.3
	0.10	0.71	8.38	6.87	70	5.2	3.5	3.5
	0.15	0.76	8.84	7.25	81	7.0	4.7	3.8
	0.20	0.81	9.31	7.63	91	8.8	5.9	4.0

续表 5-2

体　重（千克）	日增重（千克/天）	干物质进食量（千克/天）	消化能（兆焦/天）	代谢能（兆焦/天）	粗蛋白质（克/天）	钙（克/天）	总　磷（克/天）	食　盐（克/天）
30	0	0.65	8.42	6.90	53	2.0	1.3	3.3
	0.05	0.70	8.88	7.28	63	3.8	2.5	3.5
	0.10	0.75	9.35	7.66	74	5.6	3.7	3.8
	0.15	0.80	9.81	8.04	84	7.4	4.9	4.0
	0.20	0.85	10.27	8.42	94	9.1	6.1	4.2

引自《肉羊饲养标准》NY/T 816-2004

表 5-3　成年肥育羊每日饲养标准

体　重（千克）	风干饲料（千克）	消化能（兆焦/天）	可消化粗蛋白质（克/天）	钙（克）	磷（克/天）	食　盐（克/天）	胡萝卜素（毫克/天）
40	1.5	15.9～19.2	90～100	3～4	2.0～2.5	5～10	5～10
50	1.8	16.7～23.0	100～120	4～5	2.5～3.0	5～10	5～10
60	2.0	20.9～27.2	110～130	5～6	2.8～3.5	5～10	5～10
70	2.2	23.0～29.3	120～140	6～7	3.0～4.0	5～10	5～10
80	2.4	23.5～27.2	130～160	7～8	3.5～4.5	5～10	5～10

适用于波尔山羊等大型肉山羊

表 5-4　后备公山羊每日营养需要量

体　重（千克）	日增重（千克/天）	干物质进食量（千克/天）	消化能（兆焦/天）	代谢能（兆焦/天）	粗蛋白质（克/天）	钙（克/天）	总　磷（克/天）	食　盐（克/天）
12	0	0.48	3.78	3.10	24	0.8	0.5	2.4
	0.02	0.50	4.10	3.36	32	1.5	1.0	2.5
	0.04	0.51	4.43	3.63	40	2.2	1.5	2.6
	0.06	0.54	4.74	3.89	49	2.9	2.0	2.7
	0.08	0.56	5.06	4.15	57	3.7	2.4	2.8
	0.10	0.58	5.38	4.41	66	4.4	2.9	2.9

续表 5-4

体 重（千克）	日增重（千克/天）	干物质进食量（千克/天）	消化能（兆焦/天）	代谢能（兆焦/天）	粗蛋白质（克/天）	钙（克/天）	总 磷（克/天）	食 盐（克/天）
15	0	0.51	4.48	3.67	28	1.0	0.7	2.6
	0.02	0.53	5.28	4.33	36	1.7	1.1	2.7
	0.04	0.55	6.10	5.00	45	2.4	1.6	2.8
	0.06	0.57	6.70	5.67	53	3.1	2.1	2.9
	0.08	0.59	7.72	6.33	61	3.9	2.6	3.0
	0.10	0.61	8.54	7.00	70	4.6	3.0	3.1
18	0	0.54	5.12	4.20	32	1.2	0.8	2.7
	0.02	0.56	6.44	5.28	40	1.9	1.3	2.8
	0.04	0.58	7.74	6.35	49	2.6	1.8	2.9
	0.06	0.60	9.05	7.42	57	3.3	2.2	3.0
	0.08	0.62	10.35	8.49	66	4.1	2.7	3.1
	0.10	0.64	11.66	9.56	74	4.8	3.2	3.2
21	0	0.57	5.76	4.72	36	1.4	0.9	2.9
	0.02	0.59	7.56	6.20	44	2.1	1.4	3.0
	0.04	0.61	9.35	7.67	53	2.8	1.9	3.1
	0.06	0.63	11.16	9.15	61	3.5	2.4	3.2
	0.08	0.65	12.96	10.63	70	4.3	2.8	3.3
	0.10	0.67	14.76	12.10	78	5.0	3.3	3.4
24	0	0.60	6.37	5.22	40	1.6	1.1	3.0
	0.02	0.62	8.66	7.10	48	2.3	1.5	3.1
	0.04	0.64	10.95	8.98	56	3.0	2.0	3.2
	0.06	0.66	13.27	10.88	65	3.7	2.5	3.3
	0.08	0.68	15.54	12.74	73	4.5	3.0	3.4
	0.10	0.70	17.83	14.62	82	5.2	3.4	3.5

（引自《肉羊饲养标准》NY/T 816-2004）

表 5-5　育成及空怀母羊每日饲养标准

月　龄	体　重（千克）	风干饲料（千克）	消化能（兆焦/天）	可消化粗蛋白质（克/天）	钙（克/天）	磷（克/天）	食　盐（克/天）	胡萝卜素（毫克/天）
4～6	25～30	1.2	10.9～13.4	70～90	3.4～4.0	2.0～3.0	5～8	5～8
6～8	30～36	1.3	12.6～14.6	72～95	4.0～5.2	2.8～3.2	6～9	6～8
8～10	36～42	1.4	14.6～16.7	73～95	4.5～5.5	3.0～3.5	7～10	6～8
10～12	37～45	1.5	14.6～17.2	75～100	5.2～6.0	3.2～3.6	8～11	7～9
12～18	42～50	1.6	14.6～17.2	75～95	5.5～6.5	3.2～3.6	8～11	7～9

适用于波尔山羊等大型肉山羊

表 5-6　育成羊每日饲养标准

月　龄	体　重（千克）	风干饲料（千克）	消化能（兆焦/天）	可消化粗蛋白质（克/天）	钙（克/天）	磷（克/天）	食　盐（克/天）	胡萝卜素（毫克/天）
4～6	30～40	1.4	14.6～16.7	90～100	4.0～5.0	2.5～3.8	6～12	5～10
6～8	37～42	1.6	16.7～18.8	95～115	5.0～6.3	3.0～4.0	6～12	5～10
8～10	42～48	1.8	16.7～20.9	100～125	5.5～6.5	3.5～4.3	6～12	5～10
10～12	46～53	2.0	20.1～23.0	110～135	6.0～7.0	4.0～4.5	6～12	5～10
12～18	53～70	2.2	20.1～23.4	120～140	6.5～7.2	4.5～5.0	6～12	5～10

适用于波尔山羊等大型肉山羊

表 5-7　10～30 千克体重空怀期与妊娠期母山羊每日营养需要量

妊娠阶段	体　重（千克）	干物质进食量（千克/天）	消化能（兆焦/天）	代谢能（兆焦/天）	粗蛋白质（克/天）	钙（克/天）	总　磷（克/天）	食　盐（克/天）
空怀期	10	0.39	3.37	2.76	34	4.5	3.0	2.0
	15	0.53	4.54	3.72	43	4.8	3.2	2.7
	20	0.66	5.62	4.61	52	5.2	3.4	3.3
	25	0.78	6.63	5.44	60	5.5	3.7	3.9
	30	0.90	7.59	6.22	67	5.8	3.9	4.5

续表 5-7

妊娠阶段	体重（千克）	干物质进食量（千克/天）	消化能（兆焦/天）	代谢能（兆焦/天）	粗蛋白质（克/天）	钙（克/天）	总磷（克/天）	食盐（克/天）
1～90 天	10	0.39	4.80	3.94	55	4.5	3.0	2.0
	15	0.53	6.82	5.59	65	4.8	3.2	2.7
	20	0.66	8.72	7.15	73	5.2	3.4	3.3
	25	0.78	10.56	8.66	81	5.5	3.7	3.9
	30	0.90	12.34	10.12	89	5.8	3.9	4.5
91～120 天	15	0.53	7.55	6.19	97	4.8	3.2	2.7
	20	0.66	9.51	7.80	105	5.2	3.4	3.3
	25	0.78	11.39	9.34	113	5.5	3.7	3.9
	30	0.90	13.20	10.82	121	5.8	3.9	4.5
120 天以上	15	0.53	8.54	7.00	124	4.8	3.2	2.7
	20	0.66	10.54	8.64	132	5.2	3.4	3.3
	25	0.78	12.43	10.19	140	5.5	3.0	3.9
	30	0.90	14.27	11.70	148	5.8	3.9	4.5

引自《肉羊饲养标准》NY/T 816-2004

表 5-8　40～70 千克体重妊娠期母山羊每日营养需要量

妊娠期	体重（千克）	风干饲料（千克/天）	消化能（兆焦/天）	可消化粗蛋白质（克/天）	钙（克/天）	磷（克/天）	食盐（克/天）	胡萝卜素（毫克/天）
前期	40	1.6	12.6～15.9	70～80	3.4～4.0	2.0～2.5	8～10	8～10
	50	1.8	14.2～17.6	75～90	3.2～4.5	2.5～3.0	8～10	8～10
	60	2.0	15.9～18.4	80～95	4.0～5.0	3.0～4.0	8～10	8～10
	70	2.2	16.7～19.2	85～100	4.5～5.5	3.8～4.5	8～10	8～10
后期	40	1.8	15.1～18.8	80～110	6.0～7.0	3.5～4.0	8～10	10～12
	50	2.0	18.4～21.3	90～120	7.0～8.0	4.0～4.5	8～10	10～12
	60	2.2	20.1～21.8	95～130	8.0～9.0	4.0～5.0	9～12	10～12
	70	2.4	21.8～23.4	100～140	8.5～9.0	4.5～5.5	9～12	10～12

适用于波尔山羊等大型肉山羊

表 5-9　泌乳前期母山羊每日营养需要量

体重（千克）	日泌乳量（千克/天）	干物质进食量（千克/天）	消化能（兆焦/天）	代谢能（兆焦/天）	粗蛋白质（克/天）	钙（克/天）	总磷（克/天）	食盐（克/天）
10	0	0.39	3.12	2.56	24	0.7	0.4	2.0
	0.50	0.39	5.73	4.70	73	2.8	1.8	7.0
	0.75	0.39	7.04	5.77	97	3.8	2.5	2.0
	1.00	0.39	8.34	6.84	122	4.8	3.2	2.0
	1.25	0.39	9.65	7.91	146	5.9	3.9	2.0
	1.50	0.39	10.95	8.98	170	6.9	4.6	2.0
15	0	0.53	4.24	3.48	31	1.0	0.7	2.7
	0.50	0.53	6.84	5.61	33	3.1	2.1	2.7
	0.75	0.53	8.15	6.68	106	4.1	2.8	2.7
	1.00	0.53	9.45	7.75	130	5.2	3.4	2.7
	1.25	0.53	10.76	8.82	154	6.1	4.1	2.7
	1.50	0.53	12.06	9.89	179	7.3	4.8	2.7
20	0	0.66	5.26	4.31	40	1.3	0.9	3.3
	0.50	0.66	7.87	6.45	89	3.4	2.3	3.3
	0.75	0.66	9.17	7.52	114	4.5	3.0	3.3
	1.00	0.66	10.48	8.59	138	5.5	3.7	3.3
	1.25	0.66	11.78	9.66	162	6.5	4.4	3.3
	1.50	0.66	13.09	10.73	187	7.6	5.1	3.3
25	0	0.78	6.22	5.10	48	1.7	1.1	3.9
	0.50	0.78	8.83	7.24	97	3.8	2.5	3.9
	0.75	0.78	10.13	8.31	121	4.8	3.2	3.9
	1.00	0.78	11.44	9.38	145	5.8	3.9	3.9
	1.25	0.78	12.73	10.44	170	6.9	4.6	3.9
	1.50	0.78	14.04	11.51	194	7.9	5.3	3.9

续表 5-9

体　重（千克）	日泌乳量（千克/天）	干物质进食量（千克/天）	消化能（兆焦/天）	代谢能（兆焦/天）	粗蛋白质（克/天）	钙（克/天）	总　磷（克/天）	食　盐（克/天）
30	0	0.90	6.70	5.49	55	2.0	1.3	4.5
	0.50	0.90	9.73	7.98	104	4.1	2.7	4.5
	0.75	0.90	11.04	9.05	128	5.1	3.4	4.5
	1.00	0.90	12.34	10.12	152	6.2	4.1	4.5
	1.25	0.90	13.65	11.19	177	7.2	4.8	4.5
	1.50	0.90	14.95	12.26	201	8.3	5.5	4.5

（引自《肉羊饲养标准》NY/T 816-2004）

表 5-10　泌乳后期母山羊每日营养需要量

体　重（千克）	日泌乳量（千克/天）	干物质进食量（千克/天）	消化能（兆焦/天）	代谢能（兆焦/天）	粗蛋白质（克/天）	钙（克/天）	总　磷（克/天）	食　盐（克/天）
10	0	0.39	3.71	3.04	22	0.7	0.4	2.0
	0.15	0.39	4.67	3.83	48	1.3	0.9	2.0
	0.25	0.39	5.30	4.35	65	1.7	1.1	2.0
	0.50	0.39	6.90	5.66	108	2.8	1.8	2.0
	0.75	0.39	8.50	6.97	151	3.8	2.5	2.0
	1.00	0.39	10.10	8.23	194	4.8	3.1	2.0
15	0	0.53	5.02	4.12	30	1.0	0.7	2.7
	0.15	0.53	5.99	4.91	55	1.6	1.1	2.7
	0.25	0.53	6.62	5.43	73	2.0	1.4	2.7
	0.50	0.53	8.22	6.74	116	3.1	2.1	2.7
	0.75	0.53	9.82	8.05	159	4.1	2.8	2.7
	1.00	0.53	11.41	9.36	201	5.2	3.4	2.7
20	0	0.66	6.24	5.12	37	1.3	0.9	3.3
	0.15	0.66	7.20	5.90	63	2.0	1.3	3.3
	0.25	0.66	7.84	6.43	80	2.4	1.6	3.3
	0.50	0.66	9.44	7.74	123	3.4	2.3	3.3
	0.75	0.66	11.04	9.05	166	4.5	3.0	3.3
	1.00	0.66	12.63	10.36	209	5.5	3.7	3.3

续表 5-10

体　重（千克）	日泌乳量（千克/天）	干物质进食量（千克/天）	消化能（兆焦/天）	代谢能（兆焦/天）	粗蛋白质（克/天）	钙（克/天）	总　磷（克/天）	食　盐（克/天）
25	0	0.78	7.38	6.05	44	1.7	1.1	3.9
	0.15	0.78	8.34	6.84	69	2.3	1.5	3.9
	0.25	0.78	8.98	7.36	87	2.7	1.8	3.9
	0.50	0.78	10.57	8.67	129	3.8	2.5	3.9
	0.75	0.78	12.17	9.98	172	4.8	3.2	3.9
	1.00	0.78	13.77	11.29	215	5.8	3.9	3.9
30	0	0.90	8.46	6.94	50	2.0	1.3	4.5
	0.15	0.90	9.41	7.72	76	2.6	1.8	4.5
	0.25	0.90	10.06	8.25	93	3.0	2.0	4.5
	0.50	0.90	11.66	9.56	136	4.1	2.7	4.5
	0.75	0.90	13.24	10.86	179	5.1	3.4	4.5
	1.00	0.90	14.85	12.18	222	6.2	4.1	4.5

引自《肉羊饲养标准》NY/T 816-2004

表 5-11　种公羊每日饲料标准

饲养期	体　重（千克）	风干饲料（千克/天）	消化能（兆焦/天）	可消化粗蛋白质（克/天）	钙（克/天）	磷（克/天）	食　盐（克/天）	胡萝卜素（毫克/天）
非配种期	70	1.8～2.1	16.7～20.5	110～140	5～6	2.5～3.0	10～15	15～20
	80	1.9～2.2	18.0～21.8	120～150	6～7	3～4	10～15	15～20
	90	2.0～2.4	19.2～23.0	130～160	7～8	4～5	10～15	15～20
	100	2.1～2.5	20.5～25.1	140～170	8～9	5～6	10～15	15～20
配种期 1	70	2.2～2.6	23.0～27.2	190～240	9～10	7～7.5	15～20	20～30
	80	2.3～2.7	24.3～29.3	200～250	9～11	7.5～8.0	15～20	20～30
	90	2.4～2.8	25.9～31.0	210～260	10～12	8～9	15～20	20～30
	100	2.5～3.0	26.8～31.8	220～270	11～13	8.5～9.5	15～20	20～30

续表 5-11

饲养期	体　重（千克）	风干饲料（千克/天）	消化能（兆焦/天）	可消化粗蛋白质（克/天）	钙（克/天）	磷（克/天）	食　盐（克/天）	胡萝卜素（毫克/天）
配种期 2	70	2.4～2.8	25.9～31.0	260～370	13～14	9～10	15～20	30～40
	80	2.6～3.0	28.5～33.5	280～380	14～15	10～11	15～20	30～40
	90	2.7～3.1	29.7～34.7	290～390	15～16	11～12	15～20	30～40
	100	2.8～3.2	31.0～36.0	310～400	16～17	12～13	15～20	30～40

注：配种期 1 为配种 2～3 次；配种期 2 为配种 4～5 次，适用于波尔山羊等大型肉山羊

表 5-12　山羊对常量矿物质元素每日需要量
（以进食日粮干物质为基础）

常量元素	维持（毫克/千克体重）	妊娠（克/千克胎儿）	泌乳（克/千克产奶）	生　长（克/千克）	吸收率（%）
钙(Ca)	20	11.5	1.25	10.7	30
总磷(P)	30	6.6	1.0	6.0	65
镁(Mg)	3.5	0.3	0.14	0.4	20
钾(K)	50	2.1	2.1	2.4	90
钠(Na)	15	1.7	0.4	1.6	80
硫(S)	0.16%～0.32%				

（引自《肉羊饲养标准》NY/T816-2004）

表 5-13　山羊对微量矿物质元素每日需要量
（以进食日粮干物质为基础）

微量元素	推荐量（毫克/千克）	微量元素	推荐量（毫克/千克）
铁(Fe)	30～40	锰(Mn)	60～120
铜(Cu)	10～20	锌(Zn)	50～80
钴(Co)	0.11～0.20	硒(Se)	0.05
碘(I)	0.15～2.0		

（引自《肉羊饲养标准》NY/T816-2004）

三、肉用山羊的日粮配合

(一)日粮与饲粮的概念

日粮是指一昼夜(24 小时)一只羊所采食的各种饲料总和。其是根据饲养标准所规定的各种营养物质的种类、数量和山羊的不同品种、生理状态与生产水平,选用适当的饲料配合而成的。而人们把为同一生产目的羊群,按日粮要求的营养成分比例配制的大量配合饲料,称为饲粮。饲粮需按日分顿喂给。生产中人们常说的日粮往往指的是饲粮。

日粮与饲料配方又具有不同的涵义。饲料配方是指根据饲养标准和饲料的营养成分,选择几种饲料按一定比例互相搭配,使其满足羊的营养需要的一种日粮配合方案。

(二)日粮配合的原则

1. 营养性 配合日粮时,必须以山羊的饲养标准为依据,并结合不同生产条件下,肉山羊的生长情况与生产性能状况予以灵活应用和调整,以满足肉羊所需的营养而又不致于浪费。同时,还应注意饲料的多样化,尽可能将多种饲料合理搭配使用,以充分发挥各种饲料的营养互补作用,平衡各营养素之间的比例,保证日粮的全价性,提高日粮中营养物质的利用效率。肉山羊的日粮应以青饲料、干粗饲料、青贮饲料、精料及各种补充饲料等加以搭配使用。既要使配合的日粮有一定的容积,山羊吃后具有饱感,又要保证日粮有适宜的养分浓度,使山羊每天采食的饲料能满足所需的营养。

各种饲料的大致配比为:总日粮中干物质,青粗饲料 50%～60%,精饲料 40%～50%。精饲料中,籽实饲料 30%～50%,蛋白质饲料 15%～20%,矿物质饲料占 2%～3%。

2. 经济性 山羊是反刍动物，可大量使用青粗饲料，尤其是可以将农作物秸秆处理后进行饲喂。山羊对日粮中蛋白质的品质要求也不高。因此，配合日粮时，应以青粗饲料为主，再补充精饲料等其他饲料，尽量做到就地取材，选用当地来源广泛、营养丰富、价格低廉的饲料配制日粮，以降低生产成本。

3. 适口性 饲料的适口性与山羊的采食量有直接关系。日粮适口性好，可增进山羊的食欲，提高采食量；相反，日粮适口性不好，山羊食欲不振，采食量减少，不利于山羊的生长，达不到应有的增重效果。因此，对一些适口性较差的饲料加入调味剂，可使适口性得到改善。

4. 安全性 随着无公害食品和绿色食品产业的兴起，消费者对肉类食品的安全性要求越来越高。因此，配合日粮时，必须保证饲料的安全可靠。选用的原料包括添加剂种类及质量应符合国家相关规定。保证无毒、无害、无霉变、无污染。在日粮中尽量不添加抗生素类药物性添加剂。养羊场和养羊户都要树立“安全肉”意识，对国家有关部门明令禁用的某些兽药及添加剂坚决不予使用。

（三）日粮配合的方法和步骤

1. 日粮配方设计方法 包括试差法、百分比法、计算机求解法等，目前，在日粮配方设计中，试差法是最常用的手算方法。

2. 日粮配方的设计步骤 现以一例说明日粮配方的设计过程。例如：要为一群体重 30 千克左右、日增重 150 克的肉用山羊设计一日粮配方，已知饲料种类有野干草、青贮玉米秸秆、苜蓿干草、玉米、棉籽饼等，饲养方式为舍饲。

设计步骤如下：

第一步，查阅山羊饲养标准表和饲料成分及营养价值表，列出 1 只山羊每日的营养需要量及现有饲料的营养成分值，建立表 5-14。

表 5-14　肉用山羊每日营养需要量及饲料营养成分

（以干物质计算）

营养 饲料	干物质(%)	代谢能 (兆焦/千克)	粗蛋白 质(%)	钙(%)	磷(%)
野干草	92	6.97	8.5	0.61	0.29
青贮玉米秸秆	26	8.92	4.7	0.24	0.22
苜蓿干草	92	9.22	18	1.42	0.25
玉　米	90	14.27	9.7	0.04	0.21
棉籽饼	93	11.80	42	0.20	1.10
日营养需要量	0.99 千克	9.93 兆焦	93 克	4 克	2.8 克

第二步，根据经验，确定配料的大致比例，并进行试配，建立表 5-15。

表 5-15　肉山羊饲料配方实算表　（以干物质计算）

饲　料	组成比例 (%)	代谢能 (兆焦/千克)	粗蛋白质 (%)	钙 (%)	磷 (%)
野干草	27	1.8819	2.295	0.1647	0.0783
青贮玉米秸秆	30	2.6760	1.410	0.0720	0.0660
苜蓿干草	10	0.9220	1.800	0.1420	0.0250
玉　米	30	4.2810	2.910	0.0120	0.0630
棉籽饼	3	0.3540	1.260	0.0060	0.0330
合　计	100	10.1149	9.675	0.3967	0.2653
合计×0.99	—	10.014	9.578	0.39	0.26
标准需要量	100	9.93	9.30	0.40	0.28
相　差		+0.084	+0.278	−0.01	−0.02

注：每只羊每天干物质采食量为 0.99 千克，用 0.99 乘以各营养值即为每只羊日采饲料应含有的养分

第三步，对饲料配方进行微调，达到营养平衡。从表 5-15 得

知，与饲养标准相比，每千克饲料干物质中代谢能多0.084兆焦，粗蛋白质多0.278%，钙、磷值相差无几。为使饲料配方营养值与饲养标准相一致，调减棉籽饼、玉米的组成比例，相应增加青贮玉米秸秆的比例，便可达到平衡。建立表5-16。

表5-16　肉用山羊饲料配方表　（以干物质计算）

饲　料	组成比例（%）	代谢能（兆焦/千克）	粗蛋白质（%）	钙（%）	磷（%）
野干草	27	1.8819	2.295	0.1647	0.0783
青贮玉米秸秆	31	2.7652	1.457	0.0744	0.0682
苜蓿干草	10	0.9220	1.800	0.1420	0.0250
玉　米	29.5	4.2097	2.8615	0.0118	0.0620
棉籽饼	2.5	0.2950	1.0500	0.0050	0.0275
合　计	100	10.0738	9.4635	0.3979	0.2610
合计×0.99	—	9.97	9.37	0.39	0.26
标准需要量	100	9.93	9.30	0.40	0.28
相　差		+0.04	+0.07	−0.01	−0.02

第四步，将以干物质为基础的饲料组分换算成以风干饲料为基础的饲料组分。由于以上计算均是以干物质为基础进行的，因此，必须把干物质饲料的百分比组成换算成风干饲料的百分比组成。

首先，用饲料的干物质含量除以干物质日粮中该饲料的百分比含量，其值为日粮中该风干饲料所占份数：

野干草：27%÷92%=0.294（份）

青贮玉米秸秆：31%÷26%=1.192（份）

苜蓿干草：10%÷92%=0.109（份）

玉米：29.5%÷90%=0.328（份）

棉籽饼：2.5%÷93%=0.027（份）

之后，用每种风干饲料在日粮中所占的份数除以总份数再乘以100%，即为该风干饲料在日粮中的百分数，按此比例即可直接配合日粮。

总份数＝0.294＋1.192＋0.109＋0.328＋0.027＝1.95

野干草：0.294÷1.95×100%＝15.1%

青贮玉米秸：1.192÷1.95×100%＝61.1%

苜蓿干草：0.109÷1.95×100%＝5.6%

玉米：0.328÷1.95×100%＝16.8%

棉籽饼：0.027÷1.95×100%＝1.4%

3. 肉用山羊日粮配方示例

(1)种羊日粮配方　见表5-17。

表5-17　种羊的日粮组成

饲料原料	种公羊			种母羊		
	冬春季	夏秋季	配种期	妊娠期	哺乳单羔	哺乳双羔
混合精料(千克)	0.50	0.45	1.00	0.45	0.40	0.50
苜蓿干草(千克)	—	—	—	—	1.00	1.00
青干草(千克)	3.00	—	2.00	1.25	1.00	1.00
青贮饲料(千克)	—	—	—	1.00	—	—
胡萝卜(千克)	0.50	—	0.75	0.50	1.50	1.50
骨粉(克)	5.0	—	7.5	5.0	5.0	5.0
食盐(克)	7.5	12.5	17.5	6.5	6.5	6.5

注：1. 种公羊冬春季以舍饲为主，夏秋季以放牧为主。配种期则提前15天开始，每只羊每天补充1～2个鸡蛋或鲜牛奶0.5～1.0千克

2. 种母羊以放牧为主。妊娠期主要指妊娠后期

(2)羔羊早龄补饲日粮配方　参见表5-18。

表 5-18　羔羊早龄补饲日粮配方

	配方编号	1	2	3	4	5	6
饲料配方比例(%)	玉　米	51.5	61.0	—	—	85.0	—
	高　粱	—	—	53.0	65.0	13.0	80.0
	苜蓿干草	20.0	20.0	15.0	15.0	—	—
	豆　饼	22.0	12.5	—	—	—	—
	棉籽饼	—	—	25.0	13.0	—	17.0
	糖　蜜	5.45	5.45	5.45	5.45	—	—
	微量元素盐	0.05	0.05	0.05	0.05	—	—
	氯化铵	—	—	—	—	0.5	0.5
	碳酸钙	1.0	1.0	1.5	1.5	1.5	2.5
营养成分	维生素 A(单位/千克)	1100	1100	1100	1100	1100	1100
	维生素 E(单位/千克)	20	20	20	20	20	20
	总消化养分(%)	80.5	81.2	76.3	77.4	88.0	80.6
	粗蛋白质(%)	19.9	16.1	20.3	16.1	15.9	17.6
	钙(%)	0.84	0.81	0.96	0.94	0.70	1.12
	磷(%)	0.36	0.32	0.50	0.40	0.34	0.45

注:微量元素盐按千克饲料计算,硫酸锌 150 毫克,硫酸锰 80 毫克,氧化镁 200 毫克,硫酸钴 5 毫克,碘酸钾 1 毫克,五水硫酸铜 25 毫克,一水硫酸亚铁 50 毫克

四、肉用山羊常用饲料的加工调制

(一)青绿饲料的加工调制

1. 一般调制　刈割的新鲜饲草及作物秸秆如较干净,可直接饲喂;如受到泥土、杂质污染,可先洗净,去除污物,晾干后再喂。成熟度较高的青绿饲料应铡短后饲喂。块根、块茎等多汁饲料如附有泥土,在饲喂前应先洗净,晾干后切成小块或片状、条状,以利于山羊的吞咽和消化,不能整块喂给,以避免卡在食管造成梗塞。

块根、块茎饲料切碎后多与精饲料拌和饲喂。有条件的羊场和农户，可使用切草机或切片机对青绿多汁饲料进行加工。

2. 制成膏剂饲料 将幼嫩多汁的青草切碎磨成糊状，加水搅拌，用布袋过滤取其滤液，将滤液放入锅中加热到85℃左右(温度不宜过高，否则维生素即被破坏)，即分离出绿色膏状的凝块，然后用带孔的勺子将凝块捞出，即为“青草膏”。新鲜的膏剂含有60％～65％的水分，很容易腐败。如果数量较多又短时间内用不完时，必须加入7％～8％的食盐进行保存。这种膏剂是一种高质量、高营养的特制饲料。对各种幼、弱、病、残、种公畜、怀孕母畜等都具有良好的营养作用，可用其治疗和预防维生素缺乏症，并能促进幼畜的生长发育。青草膏是一种营养性的补充饲料，不宜喂得过多，否则会造成浪费。一般羔羊每只每天喂25克左右即可。

3. 青贮 指将新鲜青绿多汁的饲料切碎、压实、填入密封的青贮窑(池)或塑料袋内，经过微生物的发酵作用，调制成含水量65％～70％的青贮饲料和含水量45％～55％的半干青贮饲料。青贮饲料的特点是柔软多汁，气味酸甜芳香，适口性好，营养丰富，容易贮藏。青贮是贮存和调制青饲料的好方法，基本上保持了青饲料原有的一些重要特性。羊场和养羊专业户可将青贮饲料作为冬季羊的优良饲料。大麦、高粱、青玉米、甘蔗尾等作物的秸秆，花生藤、山芋藤及各种禾本科野草、树叶等都可作为青贮原料。青贮可以减少营养成分的损失(一般晒制干草养分损失20％～30％，有时多达40％以上，而青贮后养分仅损失3％～10％，尤其能有效地保存维生素)，提高饲料利用率。青贮饲料中含有乳酸，能刺激消化液的分泌，对于提高饲料的消化率有良好作用。从表5-19可以看出，原料通过青贮后，不但使中性洗涤纤维(NDF)和酸性洗涤纤维(ADF)有所下降，而且还明显地提高了几项主要营养成分的有效降解率及粗蛋白质的含量。青贮料可代替日粮中粗饲料达50％，是肉用山羊的良好饲料。

表 5-19 全株玉米青贮前后营养成分的变化

营养指标	DM	粗蛋白质	中性洗涤纤维	酸性洗涤纤维	灰分	DM 有效降解率	OM 有效降解率	NDF 有效降解率
青贮前	93.77	5.37	55.00	30.00	5.64	46.33	46.47	37.97
青贮后	89.80	6.74	46.20	23.10	6.15	55.93	54.33	41.93

注:DM—干物质,OM—有机物

(1)青贮原理与方式　青贮就是在没有氧气的环境中,使乳酸菌(一种厌氧菌)大量繁殖,并产生大量乳酸,当酸度达到一定程度时(pH 值降到 4.2 以下),便能抑制霉菌、腐败菌和不需要的植物酶的生长,而使饲草中的大部分营养物质长期保存下来。可分为一般青贮和特殊青贮。

①一般青贮　利用乳酸菌对原料进行厌氧发酵,产生乳酸,当酸度降到 pH 值 4.0 左右时,包括乳酸菌在内的所有微生物停止活动,且原料养分不再继续分解或消耗,从而将原料养分长期保存下来。

从原料收割到青贮完成的整个过程,可分为三个阶段:

第一阶段,青贮原料装填镇压并封闭后,由于植物细胞的呼吸作用,以及重压后水分渗出,使原料的温度上升,在填压良好,水分适当时,温度在 20℃～30℃之间。此时,通过好气性细菌及霉菌等的作用,产生醋酸。

第二阶段,由于氧气不断消耗直至耗尽,青贮原料好气菌逐渐停止活动,而后在厌气性乳酸菌的作用下,糖类产生乳酸,发酵过程开始。

第三阶段,乳酸菌迅速繁殖,形成大量乳酸,使腐败菌和丁酸菌等受到抑制,随后乳酸菌的繁殖亦被自身产生的大量乳酸所抑制,青贮原料转入稳定状态,可长期保存而不腐败。

为了保证发酵过程的顺利进行,必须创造有利于乳酸菌迅速繁殖的条件:

一是原料中含有一定量的可溶性糖。禾本科植物含糖多，是做青贮的好原料。

二是原料的含水量适宜。禾本科植物 65%～75%，豆科 60%～70%。

三是发酵温度适宜。以 19℃～37℃为宜。

四是保证缺氧条件。原料应填紧压实，封闭严实。

②特殊青贮　低水分青贮或半干青贮原料含水少，造成对微生物的生理干燥，原料刈割后，经风干，含水量达到 40%～55%，这样的风干植物对腐生菌、酪酸菌及乳酸菌，均造成生理干燥状态，使生长繁殖受到抑制。因此，在青贮过程中，微生物发酵弱，虽然，另外一些微生物如霉菌等在风干物质体内仍可大量繁殖，但在切短压实的厌氧条件下，其活动很快停止，因此，这种方式的青贮，仍需在高度厌氧情况下进行。

由于低水青贮是微生物处于干燥状态及生长繁殖受到抑制的情况下完成的，所以，青贮原料中糖分或乳酸的多少及 pH 值的高低，对于这种贮存方法已无关紧要，从而较一般青贮法扩大了原料的范围，一般青贮法中认为不易青贮的原料也都可以顺利青贮。

外加剂青贮主要从三个方面来影响青贮的发酵作用：一是促进乳酸发酵，如添加各种可溶性碳水化合物，接种乳酸菌、加酶制剂等，可迅速产生大量乳酸，使 pH 值很快达 4.0 左右（3.8～4.2）；二是抑制不良发酵，如另加各种酸类、抑制剂等，可阻止腐生菌等不利于青贮的微生物的生长；三是提高青贮饲料的营养物质含量，如添加尿素、氨化物，可增加蛋白质的含量等，这样，也可以将一般青贮法中认为不易青贮甚至难青贮的原料加以利用，从而扩大了青贮原料的范围。

(2)青贮的制作方法　制作青贮前应将青贮窖建好，当使用旧窖时，要将窖底和四周清理干净。同时组织好人员、运输工具及切割机械等。应避开下雨天气，使青贮制作过程不中断，一次完成。做为青贮原料的各种作物，在不同的生长时期营养物质含量和消化率不同。一般豆科作物从现蕾期到开花中期，玉米在乳熟期，禾本科植物从孕穗期到抽穗期，甘薯秧在霜前，野草在生长旺季收割。在制作青贮时，首先将青贮原料用青饲切割机切成3～5厘米长，然后装窖。装窖前可在窖底铺一层10～15厘米的碎蒿秆、软草或秕糠，以防止底部潮湿并可吸收由上部压下来的汁液。原料随切随装窖，装一层压紧一层。小窖可由人踩实，大窖可用链轨拖拉机压实。青贮窖的边缘部分更要注意压紧以排除空气，压得实不实是制作青贮的关键。当窖边原料与窖口相平，窖的中间高出60～100厘米时可以封窖。封窖前先将青贮原料上盖30～50厘米碎草压实，然后再用塑料薄膜或土覆盖密封。封窖后要经常观察，当原料下沉，窖顶和边缘出现裂缝时要及时用湿土填实。待下沉稳定后，再在顶上加一层湿土压紧。

青贮用量少时，可用塑料袋制作。塑料袋要用无毒聚乙烯双幅薄膜制作。一个塑料袋由0.25千克薄膜制成。每袋可装原料250～350千克。袋装青贮的原料要切成1厘米长左右，要掌握好含水量，边装袋边压实，使袋内空气排出。装满后把袋口扎紧，不要透气，1个月左右即可开袋饲喂。

(3)开窖与饲喂　青贮封窖后1～1.5个月就可开窖，长形窖可从窖的一端开窖，边使用边将上边的盖土去掉。圆形窖从上向下取用，每次取后用塑料布等盖严。好的青贮是深绿色或褐绿色，有酸香酒味，山羊喜欢吃。喂量要由少量开始，逐渐增多。青贮饲料有缓泻作用，妊娠母羊喂量不宜过多。发霉腐烂的青贮不能喂。每天取的青贮应当天吃完，否则易发生霉变。

(二)干粗饲料的加工调制

1. 干草的调制方法

(1)自然干燥

①地面干燥法　是被广泛应用的晒制干草的方法。牧草刈割后，就地晾晒6～7小时，使之凋萎，含水40%～50%。再用搂草

机搂成松散的草垄，继续干燥 4～5 小时，含水量降为 30%～40%，用集草机集成小草堆，再干燥 1～2 天，就可制成含水量为 15%～18%的青干草。

②草架干燥法　用草架制备干草时，先把刈割草在地面上干燥 4～10 小时，使含水量降至 45%～50%。然后自下而上逐层堆放牧草，草的顶端朝里，同时注意最低的一层牧草不与地面接触。

③化学制剂干燥法　此法主要用于茎叶干燥速度快慢不一的豆科牧草，应用化学制剂较多的有：碳酸钾、碳酸钾加长链脂肪酸的混合液、碳酸氢钠等。其原理是这些化学物质破坏牧草表面的蜡质层结构，促使牧草所含水分蒸发，加快干燥速度。但此法成本较高，适宜大型草场采用。

(2)人工干燥法

①常温鼓风干燥法　此法适宜在牧草收获时，利用电风扇，吹风机和送风器等通风设备对草堆或草垛进行不加温干燥。

②高温快速干燥法　指用烘干机迅速使牧草脱水，使含水量降至 15%～18%即可贮藏。

2. 秸秆饲料的加工调制　作物秸秆来源广，产量大，在畜牧生产中具有很大的开发利用价值，其加工利用技术主要有青贮、氨化和青干草晒制。

(1)秸秆青贮及利用　青贮秸秆具有长期保存青绿饲料的营养特性，扩大饲料来源，增强饲料全年轮供能力等优点，制得的秸秆青贮饲料气味酸香，柔软多汁，颜色黄绿，适口性好，是山羊冬春的优良饲料。

①设备建造　本着“就地取材，建造容易，贮取方便，经济实惠”的原则，以青贮窖(池)为主，也可采用厚膜塑料袋贮。青贮窖要求坚固牢实，不透气，不漏水，容积以 2～5 立方米为宜，窖底应向一端倾斜，以便于排水和清洗。

②制作工序和方法

秸秆的适时收割和含水量调节：一般在农作物收获时，随收随贮。玉米秸秆应在果穗成熟期，收割果穗以上植株青贮（若在玉米乳熟期做全株青贮效果更好）；禾本科牧草、豆科牧草宜在初苞期或初花期收割青贮；红苕藤宜在下霜前收割青贮。青贮原料的含水量以65%～75%为宜，对含水量过高或过低的青贮原料，青贮时均应进行处理或调节。水分过多的原料，青贮前应稍晾干凋萎，使其含水量达到要求后再行青贮。如凋萎后还不能达到适宜含水量，可添加部分糠麸等干饲料混合青贮。刚收割的红苕藤宜摊晾一段时间，待茎叶失去鲜绿色，柔软而未干卷，不能折断和捻碎，绞挤有汁液流出时青贮。水分过少的原料，可适当均匀地洒水，或掺入含水分多的青绿多汁饲料。合适的含水量应是紧攥原料，指缝露出水珠而不下滴。玉米梢含水量偏低，可与含水量较高的青绿饲料混合青贮。

切短：原料收割后，及时切短青贮。一般为2～4厘米长，对粗茎、粗硬植物，如玉米梢等，以1～2厘米长为宜。切得越短，装填时可压得更结实，有利于缩短青贮过程中微生物有氧活动的时间。

装窖：切短后，立即装窖。装窖应逐层装入，每层15～20厘米，踩紧压实，尤其是四个角要注意踩实。然后逐层装填，一直装满，并超出窖沿形成馒头状。

封顶：严密封窖，防止漏水漏气是制作优质青贮料的一个重要环节，用厚塑料膜盖严，再用细土或稀泥覆盖拍实。

管理：青贮窖密封后，应经常检查，严防漏水透气，如发现裂缝和破损，须及时修补。

③开窖利用与品质评定　一般在装窖后30～40天开窖利用。品质较好的青贮料色泽呈绿、黄绿和黄褐色，有酒酸味或微酸气味，质地柔软湿润、紧密。若开窖后有刺鼻酸味、腐臭味或霉味，料表面呈黑色、深褐色或暗墨绿色，手触黏着、腐烂或结块，表面劣质，不宜饲用。用秸秆青贮料喂山羊，开始时喂量不宜过多，可适

当掺和精饲料，逐渐增加喂量。取用时应由上而下逐层取用，保持表面平整，取后将窖盖严密封，随取随用，当天喂完。

(2)秸秆氨化及利用　秸秆氨化具有扩大饲料来源，提高秸秆营养价值，适口性好等优点，可为牛、羊等家畜提供优良饲料。

①氨化池氨化

a. 设备建造　以氨化池为主，建筑要求及选址等同青贮池。生产中，常建成容积为(1.2 米×1 米×1 米)×2 的双联池，池沿做"V"形槽，便于密封严实。

b. 操作程序

(a)秸秆收割　在不影响粮食产量的前提下尽早收割，及时氨化贮存。

(b)秸秆加工和装池　将秸秆铡成 4～10 厘米长(对粗茎、粗硬植物，如玉米梢等，以 2～3 厘米长为宜)备用。按每 100 千克风干秸秆加尿素 4 千克、生石灰 3 千克、水 50 升的比例，将尿素和石灰溶于水中待用。将铡短的秸秆分层装入氨化池，每层 20～30 厘米，喷洒一次尿素石灰水溶液后拌和均匀，踩实踩紧，逐层装填，直至装满呈馒头状。用厚塑料薄膜覆盖，四边压入池沿"V"形槽内，用稀泥压实，严防漏水漏气。加强日常管理，防止损坏。

②氨化秸秆品质鉴定与利用　秸秆装池氨化一段时间后即可开池取料，一般夏季需 10～15 天，春秋季 30 天，冬季 40～50 天即可氨化成熟。饲喂前，须对氨化秸秆品质作感观鉴定。品质优良的，外观呈浅棕色或深黄色，刚取出时有强烈的氨味，氨挥发后带煳香味，质地柔软，摊晾后干燥；劣质者有腐败发霉气味，发黏，呈黑色，不能饲喂。氨化秸秆取出摊晾 1 天即可饲喂。开始时少给勤添，或与青草混喂，使羊逐渐适应。若饲喂氨化秸秆的同时补喂少量精料，效果更好。氨化秸秆的喂量以占日粮干物质的 40%～60%为宜。每次取料后应随即盖好薄膜，保证不漏气、不透水。

③堆垛氨化　将秸秆堆垛，一般在 100 千克秸秆中加入 20%的氨水 12 千克，氨水的温度不低于 20℃，逐层堆放逐层喷洒，最

后用塑料薄膜密封。也可将拌好的秸秆放入池中密闭或塑料袋内密封。农户加工可利用尿素氨化，比例是1千克尿素溶于10升水后可喷洒25千克秸秆，秸秆与喷洒的尿素溶液要充分混合均匀，拌好后可装入塑料袋、大缸或水泥池内，封严。经处理的秸秆，春秋季需15～20天，夏季7～10天，冬季45～50天的密封才能开启，开封后应放置1～2天，待多余的氨挥发掉，即可饲喂。氨化质量较好的饲料外观呈棕褐色，有煳香味。山羊经过1周多的适应后，采食量一般为100千克体重3.3～8.8千克，每次取用氨化秸秆后要将塑料薄膜盖好。氨化饲料一般没有副作用，但应在喂前充分通风并混合均匀，万一发生中毒，每只羊可灌服食醋0.5～1.5升以解毒。

(3)秸秆微贮及利用　秸秆微贮就是把农作物秸秆加入微生物高效活性菌种——秸秆发酵活干菌，置于密封容器(如水泥池、土窖、缸、塑料袋等)中或地面发酵，使农作物秸秆变成带有酸、香、酒味，家畜喜爱的饲料。因为它是通过微生物制剂使贮藏中的饲料进行发酵，故称微贮，制成的饲料叫微贮饲料。

①微贮设施　微贮可用水泥池、土窖，也可用塑料袋。水泥池是用水泥、黄沙、砖为原料在地下砌成的长方形池子(一般深2米，宽1.2米，长3.5米)，最好砌成两个相同大小的，以便交替使用。该池的优点是不易进水进气，密封性好，经久耐用，发酵成功率高。而土窖成本低，方法简单，贮量大，但要选择地势高、土质硬、向阳干燥、排水方便、地下水位低的地方，在地下水位高的地方不宜采用。也可以铺一层厚塑料薄膜制成土窖塑料薄膜池。

②制作技术和步骤　共分以下8个步骤：

第一步，菌种复活。用秸秆发酵活干菌每袋3克，可处理秸秆1吨或青饲料2吨。在处理前先将菌种倒入250毫升水中，充分溶解，也可在水中先加糖2克，溶解后，再加入活干菌，这样可提高复活率，保证饲料质量。然后在常温下放置1～2个小时，使菌种复活，成为复活的菌种，配制好的菌剂一定要当天用完。

第二步，菌液的配制。将复活好的菌剂倒入充分溶解的1%食盐水中拌匀。食盐水及菌液的量根据秸秆的种类而定，1 000 千克稻草或麦秸加 3 克活干菌、12 千克食盐、1 200 升水；1 000 千克玉米秸秆加 3 克活干菌、8 千克食盐、800 升水；1 000 千克青玉米秸秆加 1.5 克活干菌，水适量，不加食盐。并按 1 000 千克原料加 3 千克尿素。

第三步，秸秆切短。用于微贮的秸秆一定要切短，将秸秆铡成 2～5 厘米长的段，或用粉碎机粉碎，则饲喂效果更佳。玉米秸粉碎为直径 0.5～1 厘米（可用筛孔 1.5～2.2 厘米锤片式粉碎机粉碎），稻草切成 1～2 厘米长。其他秸秆藤蔓类依此类推。这样易于压实和提高微贮窖的利用率及保证贮料的制作质量。

第四步，喷洒菌液。将切短的秸秆铺在窖底，厚 20～25 厘米，均匀喷洒菌液，压实后，再铺 20～25 厘米秸秆，再喷洒菌液，压实，直到高于窖口 40 厘米，再封口。如果当天装窖没装满，可盖上塑料薄膜，第二天再装窖时揭开塑料薄膜继续装填。

第五步，加入玉米粉等营养物质。在微贮麦秸和稻草时应加 5%的玉米粉、麸皮或大麦粉，以提高微贮料的质量。加大麦粉或玉米粉、麸皮时，铺一层秸秆撒一层粉，再喷洒一次菌液。

第六步，水分的控制与检查。在喷洒和压实过程中，要随时检查秸秆的含水量是否合适，各处是否均匀一致，特别要注意层与层之间水分的衔接，不要出现夹干层。含水量的检查方法是：抓取秸秆试样，用双手扭拧，若有水往下滴，其含水量约为 80% 以上；若无水滴、松开后看到手上水分很明显，为 60%左右；若手上有水分（反光），为 50%～55%；感到手上潮湿，为 40%～45%；不潮湿则在 40% 以下，微贮饲料含水量要求在 60%～65%最为理想。

第七步，封窖。当秸秆分层压实到高出窖口 40 厘米时，再充分压实后，在最上面一层均匀洒上食盐，压实，再盖上塑料薄膜。食盐的用量为每平方米 250 克，其目的是确保微贮饲料上部不发生霉变。盖上塑料薄膜后，在上面撒 20～30 厘米厚的秸秆，覆土

15～20 厘米密封。秸秆微贮后，窖池内贮料会慢慢下沉，应及时加盖使之高出地面。

第八步，开窖。开窖时应从窖的一端开始，先去掉上边覆盖的部分土层，然后揭开薄膜，从上至下垂直逐段取用。每次取完后，要用塑料薄膜将窖口封严，尽量避免与空气接触，以防二次发酵和变质。微贮饲料在饲喂前最好再用高湿度茎秆揉碎机进行揉搓，使其成细碎丝状物，以便进一步提高牲畜的消化率。

③微贮饲料的饲喂方法　一般在气温较高的季节封窖 21 天，气温较低季节封窖 30 天，即可完成微贮发酵（－10℃以下不可进行微贮）。开窖后，首先要作质量检查，优质的微贮饲料色泽金黄，有醇厚的果酸香味，手感松散、柔软、湿润；如呈褐色，有腐臭或发霉味，手感发黏，或结块、干燥粗硬，则质量差，不能饲喂。微贮饲料开窖取后不须晾晒，可当天取当天用。饲喂山羊时，可与其他饲料和精饲料搭配使用，循序渐进，逐步增加喂量。一般情况下，山羊每天喂 1～3 千克。饲喂微贮饲料要特别注意日粮中食盐的用量，因在微贮中已加入食盐，每千克微贮麦（稻）秸中约含食盐 4.3 克，连同最上层撒的食盐量，每千克可达 4.7 克。每千克微贮干玉米秸秆中约含食盐 3.7 克，连同上层撒的食盐量，每千克达 4.1 克。因此，应根据每日微贮饲料的喂量，计算出其中食盐的含量，再从日粮应加食盐量中扣除。

(三)精饲料的加工调制

1. 精饲料的种类　精饲料是指干物质中粗纤维含量小于 18%的能量饲料和蛋白质饲料。主要为谷物类籽实及加工副产品，以及动物性蛋白质饲料等。以粗蛋白质含量 20%为限，小于 20%的为能量饲料，大于 20%的为蛋白质饲料。精饲料的特点是含水量低，体积小，营养丰富，粗纤维含量低，消化率高。精饲料是肉用山羊的必需饲料。

(1)能量饲料　主要为禾本科籽实及其加工副产品。其种类有玉米、大麦、燕麦、高粱、荞麦、米糠、麸皮等。

禾本科籽实干物质中富含无氮浸出物，约为饲料干物质的71.6%～80.3%(燕麦除外，为66%)，而且其中主要是淀粉。粗蛋白质含量低，约为10%，且品质不佳，氨基酸组成不平衡，缺少赖氨酸和蛋氨酸等。粗纤维含量低，一般在5%以内，脂肪含量仅占2%～5%，且以不饱和脂肪酸为主。矿物质中钙、磷比例极不符合山羊需要，钙的含量在0.2%以下，而磷的含量在0.31%～0.45%。玉米中粗纤维含量低，淀粉含量高，易于消化。米糠、麸皮等禾本科籽实加工副产品，含无氮浸出物比籽实少，占40%～50%，而粗蛋白质含量与质量介于豆科与禾本科籽实之间，为10%～17%，粗纤维含量比籽实高，约占10%。米糠中粗脂肪含量达13.1%，其中不饱和脂肪酸高。贮藏不好易酸败变质。麸皮中粗蛋白质、粗纤维、维生素B和磷含量均高，质地松软易消化，并有轻泻作用。能量饲料的作用主要是供给机体热能。

(2)蛋白质饲料　主要包括植物性蛋白饲料、动物性蛋白饲料、非蛋白氮饲料、单细胞蛋白饲料等。用于补充日粮中蛋白质的不足。

①植物性蛋白质饲料　为豆类籽实及加工副产品。

a. 饲用豆类　专用于饲料的主要有大豆、黑豆、豌豆、蚕豆等，为优良的蛋白质饲料。其共同营养特点是蛋白质含量丰富，达20%～40%，而无氮浸出物较谷实类低，矿物质与维生素的含量与谷实大致相似。未经加工的豆类籽实中含有多种抗营养因子，如抗胰蛋白酶、凝集素等，因此生喂豆类籽实不利于动物对营养物质的吸收，饲用价值低，且整喂消化率低。

b. 饼粕类饲料　是油料籽实提取油分的产品，目前我国脱油的方法有压榨法、浸提法和预压-浸提法，用压榨法榨油的产品通称“饼”，用浸提法脱油后的产品称“粕”，饼粕类的营养价值因原料种类品质及加工工艺而异。浸提法的脱油效率高，故相应的粕中残油量少，而蛋白质含量高；压榨法脱油效率低，因而饼与粕比较，含可利用能量高。

(a)大豆饼和豆粕　是我国最常用的一种主要植物性蛋白质饲料，营养价值很高，蛋白质含量高达45%左右，赖氨酸含量较高。大豆饼粕中含有抗营养物质如抗胰蛋白酶、脲酶、甲状腺肿因子、皂素、凝集素等。这些抗营养因子不耐热，适当的热处理即可灭活(110℃3分钟)，但加热过度会降低赖氨酸、精氨酸的活性，同时亦会使胱氨酸遭到破坏。

(b)菜籽饼(粕)　粗蛋白质含量35%～38%，蛋氨酸含量较高，赖氨酸含量居中，精氨酸含量偏低。具有辛辣性，适口性不好，含有硫葡萄糖苷、芥酸、异硫氰酸盐等有毒成分，喂前须脱毒，在实际使用时应限量饲喂，一般占日粮5%～8%为宜，如果与棉籽饼配合使用效果较好。

(c)棉籽饼(粕)　价格低廉，粗蛋白质含量30%～34%，B族维生素和维生素E含量丰富，但缺乏赖氨酸、维生素A、维生素D，含钙量低，含有毒的棉酚，饲喂前应脱毒，并控制喂量在8%以下。

c. 糟渣类　是以大麦为主要原料酿造啤酒后的副产品，粗蛋白质含量达22%左右，粗纤维含量较低，是山羊的好饲料。豆腐渣等也可用作山羊的饲料。

②动物性蛋白质饲料　主要指水产品、肉类、乳和蛋品加工的副产品，还有屠宰场的废弃物及缫丝厂的蚕蛹等。其共同特点是蛋白质含量高(50%～80%)，必需氨基酸齐全、品质好，矿物质丰富，比例适当，B族维生素丰富，另外一个特点是碳水化合物含量极少，不含纤维素，因此消化率高，但含有一定数量的油脂，容易酸败，影响产品质量，并容易被病原菌污染。

③非蛋白氮(NPN)饲料　主要是尿素、双缩脲及某些铵盐。其中尿素应用最普遍。非蛋白氮在山羊体内是作为瘤胃微生物合成蛋白质所需的氮源，替代部分蛋白质饲料，达到降低生产成本，增加效益的目的。

尿素的饲喂只适用于成年羊。一般按占日粮干物质的1%或日粮含氮量的25%左右喂给。饲喂时由少量到定量，不可单独喂尿素，也不可溶于水中饲喂，应与精料均匀混合后饲喂，且喂后不能立即饮水，防止尿素中毒。尿素配合一定的含糖饲料饲喂，效果才会理想。可配合使用含碳水化合物较多的精料，如蜜糖、玉米面等。

④单细胞蛋白质饲料　是利用各种微生物体制成的蛋白质饲料，包括酵母、非病原菌、原生动物及藻类。在饲料中应用较多的是饲料酵母。饲料酵母含粗蛋白质40%～50%，蛋白质生物学价值介于动物蛋白与植物蛋白之间，赖氨酸含量高，蛋氨酸含量偏低，B族维生素丰富。添加到日粮中可以改善蛋白质品质，补充B族维生素，提高饲料的利用率。饲料酵母具有苦味，适口性差，在饲粮中的配比一般不超过5%。

2. 精饲料的加工调制

(1)磨碎、压扁与制粒　大麦、燕麦和水稻等籽实饲用前要采取磨碎、压扁或制粒等方法加工调制。磨碎程度应适当，过细，形成粉状饲料，其适口性反而变差，在胃肠道里易形成黏性面状物，很难消化；过粗，则达不到粉碎的目的。山羊的饲料粉粒以直径2毫米为宜。但须注意含脂量高的饲料(如玉米、燕麦等)磨碎后不宜长期保存。制粒是采用机械(如颗粒机)将磨碎后的籽实饲料制成颗粒料，便于补饲和保存。麦麸类饲料制粒后，其营养价值有一定的提高。原因是麦麸中的糊粉层细胞经过制粒过程中的蒸汽处理和压制过程中的压挤后，厚实细胞壁破裂，从而使细胞内的养分充分释出。与此同时，制粒后麦麸中的淀粉粒被破坏较多，这有利于淀粉酶对它的消化。

(2)湿润与浸泡　湿润法一般用于粉料，浸泡法多用于硬实的籽实或饼粕类饲料的软化，提高消化吸收率或用于除去有毒物质。如菜籽饼粕的去毒处理，将菜籽饼粕(饼粕与水的比例为1∶6)用水浸泡数小时，再换水1～2次，也可用温水浸泡数小时，清水浸泡24小时，将水滤去。

(3)蒸煮与焙炒　蒸煮或高压蒸煮可以进一步提高饲料的适口性，适用于豆类饲料，如大豆经过蒸煮，可破坏其中的抗胰蛋白酶，有助于营养物质的消化和吸收。蛋白质含量高的饲料，蒸煮处理时间不宜太长，一般开锅后蒸煮不要超过15分钟，否则会引起蛋白质变性，降低利用率。菜籽饼经蒸煮后也能降低毒性。焙炒可以使饲料中的淀粉部分转化为糊精而产生香味，用作诱食饲料。棉籽饼经焙炒后，能去除大部分的毒素。

五、南方肉用山羊常用优质饲料

(一)青贮玉米

1. 生物学特性　玉米为禾本科一年生植物，分早熟、中熟、晚熟3种类型。不耐寒，生长最适温度为20℃～24℃。幼苗遇到－2℃～－3℃会受冻而死，出苗最佳气温为10℃～12℃；最适宜年降水量500～800毫米，需水最多的时期是拔节到抽穗、开花期。强光短日照有利于开花结实；对氮、磷、钾主要营养元素需要量较大，特别在抽穗期；开花期对氮、磷吸收量最大。玉米根系发达，对土壤要求不严，各种土壤都可以生长，但以土质疏松、保水、保肥能力强的土壤为宜。最好为pH值6.5～7.0的中性土壤。

2. 栽培管理技术

(1)精细整地　选择中等肥力以上的土地。精细整地，疏松耕层，实行机械化栽培时，应进行秋翻地，翻地前施农家肥作基肥，翻后及时耙碎拖平，以利于保墒。秋季或早春要深耕土地，结合施足有机肥料，耙平、磨细、表面镇压，注意保墒。

(2)施足基肥　播种前施入含氮量较高的基肥。每公顷要施30 000～40 000千克的厩肥、堆肥及人粪尿等有机肥料，并加入750～1 500千克的过磷酸钙，150～300千克的硫酸钾或氧化钾。

(3)适时播种　当地面温度稳定在10℃～12℃时方可播种。

长江流域在3月底，黄河流域4月中、下旬，东北地区5月上、中旬。北方及山区广泛采用地膜覆盖技术，应提前10～15天播种，播种前，种子进行包衣处理，减少苗期病虫害发生。

(4)合理密植　青贮玉米的种植密度，一般比粒用玉米增加30%左右，可采用条播或撒播，机械条播时，行距60厘米，铲趟时留苗株距25～30厘米，每公顷保留苗数约8万株。

(5)增施追肥　在苗期和拔节期增施氮肥，并以速效肥为宜。苗肥每667平方米用清粪水3 000千克，对尿素5千克或碳酸铵14千克淋施；当玉米苗在6～7片全展叶时，及时追施拔节肥，每667平方米用清粪水3 000千克对尿素10千克或碳酸铵25千克淋施；高蛋白玉米在5叶1心前及时追施第一次。当玉米全展叶10～12片、开始发出不定根时，及时重施攻苞肥，每667平方米用人畜粪水3 000千克对尿素20～25千克或碳酸铵50～60千克，离玉米植株基脚20～25厘米处开窝，施后覆土。追肥灌水可在拔节和抽穗时进行，开花后再浇水1次。

(6)防治病虫害　播种期用敌克松50倍液拌种，防治大、小斑病；苗床期预防鼠、雀为害，及时查苗补缺；大田苗期防治螟虫、黏虫、蓟马，消灭枯心苗；中后期防治蚜虫、螟虫、黏虫和纹枯病，特别是对纹枯病和大小斑病的及时防治，是玉米稳产增产的保障。

(7)收获利用　青贮玉米适宜收获时期是蜡熟初期。若调制青贮数量较大或时间较长时，也可在乳熟末期开始收获，人工收割时要做到随割、随运、随切碎连续作业。作青贮用的玉米，于蜡熟期与秸秆一块进行收割、粉碎、青贮，当日收割，当日青贮。

(二)墨西哥饲用玉米

1. 生物学特性　又叫大刍草。为禾本科一年生草本植物，是适应性强、叶量大、适口性好的高产饲料作物。由墨西哥引进。我国广东、福建、浙江、广西及长江流域各省均能种植。茎直立，高2.5～4.0米，粗1.5～2.0厘米。1株可分蘖60株以上，叶片剑状，叶面光滑。花单性，雌雄同株异花，雄花顶牛，雌花生于叶腋中。呈穗状花序，柱头丝状，每一小穗长一小花。种子椭圆形，颖壳坚硬。植株形似玉米。喜高温、高湿、高肥环境。最适宜的生长温度为 25℃～35℃，抗炎热，能耐 40℃的高温，但气温降至 10℃以下时则停止生长。在年降水量 800 毫米地区生长良好。能适应多种土壤条件。

2. 栽培管理技术 种植前要深耕土地，施足基肥。两广地区可于 3 月下旬播种，生长期 9 个月。下种前先用 60℃温水浸种 12 小时以上，直播行距 50～60 厘米，每 667 平方米播种量 0.3～0.5 千克。也可育苗移栽，苗高 30 厘米左右可移入大田。播后幼苗生长慢，要注意除草。苗高 40～60 厘米时进行中耕培土，追施氮肥，干旱时浇水，抽穗开花后进行人工授粉。

3. 利用 墨西哥饲用玉米是优质青饲料，其叶量大，鲜嫩多汁，适口性好，可青饲，年可刈割 2 次，应在株高 1～1.5 米时刈割。植株干物质中含粗蛋白质 13.8%，无氮浸出物 42%，粗脂肪 2%，粗纤维 30%，粗灰分 12%。可青贮，在开花后刈割。每 667 平方米产鲜茎叶 10 000～15 000 千克。

(三)高蛋白苋草

1. 生物学特性 又名籽粒苋，属喜高温植物，一年生苋科草，株高 60～80 厘米可收割，每年可收割 3～4 次，留茬 15 厘米，最后 1 次不留茬。株高 2～3 米，每 667 平方米年产鲜草 1.5 万～3 万千克，草种 300～400 千克(收草种者可剥叶饲喂)。

2. 栽培管理技术 每年 3～7 月份播种(气温须在 15℃以上)，每 667 平方米年用种子 80～150 克，株、行距 40 厘米×40 厘米。

3. 利用 植株干物质中含粗蛋白质 26%，粗纤维 1.2%。适于各类畜禽饲用。为国家鉴定验收推广草种。

(四)香槟草

1. 生物学特性 又叫串叶松香草、菊花草,多年生菊科草。耐酸,不抗盐碱和瘠性土。可利用8～10年。株高2～3米,每年割4～6次,每667平方米年产鲜草2万～3万千克。

2. 栽培管理技术 春、秋季均可根植或播种,秋播于翌年春季即可青饲(下种时种尖须向下),每667平方米用种子30～50克,株、行距60厘米×60厘米,覆土3厘米左右。

3. 利用 植株干物质中含粗蛋白质18.5%,适口性差,可与其他适口性好的牧草混合饲喂,其草粉也可占混合精饲料15%～20%比例混喂。适于各类畜禽、鱼类饲用。为国家鉴定验收推广草种。

(五)多花黑麦草

1. 生物学特性 为禾本科一年生或二年生草本植物,生长迅速,分蘖性强,再生性好,产量高,最适宜在长江流域及其以南地区种植。须根系,茎直立,株高1～1.2米,叶片柔软下披,叶长20～40厘米,宽0.7～1厘米,穗长10～20厘米,种子为颖果,具短芒。喜温湿气候,不耐严寒和干热,在年降水量1 000～1 500毫米地区生长良好,耐潮湿而不耐长期积水,适宜的土壤pH值为6.0～7.0。

2. 栽培管理技术 春秋播种皆可,冬季气候温和的地区适宜秋播。播前耕翻整地,施足基肥。条播行距为15～30厘米,播深为1～2厘米,每667平方米播种量为1～1.5千克。亦可撒播,每667平方米用种量为1.5千克。适于单播,也可同紫云英、红三叶、白三叶等混播。

3. 利用 南方地区年刈割3～4次。每次刈割后应追施速效氮肥。年每667平方米产鲜草3 000～5 000千克。多花黑麦草营养丰富,茎叶干物质中含粗蛋白质13.7%,粗纤维21.3%,粗脂肪

3.8%，草品质优，适口性好，山羊喜食，是肉用山羊的优质饲草。在孕穗期刈割适于青贮，盛花期刈割适于调制干草。多花黑麦草具有耐牧的特点，放牧后恢复生长快，在株高25～30厘米时放牧较为适宜。

(六)苏丹草

1. 生物学特性 为禾本科一年生草本植物，具有生长快、产量高、品质优、适口性好等特点。须根系发达，茎圆形、光滑，株高2～3米。分蘖性强，每株分蘖20～30个。种子为颖果，呈扁卵圆形。苏丹草适宜在温度高、雨量中等的地区生长，不耐霜冻，但根系发达抗旱性强。

2. 栽培管理技术 南方于4月上旬播种。可单播，亦可与豆科牧草混播。播前耕翻整地，深耕20厘米，并施足基肥。播时土壤表层5～10厘米处温度最好为10℃～12℃。条播行距为40～50厘米，每667平方米用种量1～2千克，播深4～5厘米，播后需及时镇压。播种4～5天后发芽，出苗后80～90天开花，种子成熟不一致。生育期为100～120天。低温能冻死幼苗。苗期应中耕除去杂草，干旱需适当灌溉。刈割后需追施氮肥。

3. 利用 苏丹草于抽穗期刈割营养价值较高，干物质中含粗蛋白质15.3%，粗灰分8.8%，其中钙0.57%，磷0.27%，适口性好，山羊喜食。可在孕穗初期或乳熟期刈割青贮，也可调制成优质干草。每667平方米产鲜草达3 000～5 000千克。

(七)杂交狼尾草

1. 生物学特性 为多年生禾本科草本植物，系美洲狼尾草Tilt23A与象草的杂交种。杂交狼尾草营养价值较高，适口性好，我国南方大部分省份均能栽培。株高3.5～4.5米，须根发达，茎秆圆形，直立，分蘖20个左右。叶条形，叶面有茸毛，圆锥花序密集呈穗状。喜暖湿气候，在气温25℃～30℃时生长最快，低于

10℃生长即受到影响。抗旱力强同时耐湿。对沙土、黏土、轻度盐碱土及微酸性土壤均能适应，以黏土最适宜。

2. 栽培管理技术 杂交狼尾草可用种子播种，但主要通过根茎无性繁殖，在自然越冬地区可分根繁殖。在江浙一带冬季要移入温室保根保茎越冬。栽培前耕翻整地，施足基肥。将种茎有节的部分插入土中1～2厘米，行、株距为60厘米×30厘米。茎芽朝上斜插，以上部节腋芽刚入土为宜。分根移植，行距60厘米，株距45～50厘米。如5月上旬栽种，6～9月份为生长高峰期，以后生长较慢，至11月上旬停止生长。株高达1.2米时可刈割作山羊的饲料。留茬高15～20厘米。每次刈割后都要及时追肥、中耕，提高产量。

3. 利用 杂交狼尾草茎叶柔嫩，山羊喜食。营养价值高，茎叶干物质中含粗蛋白质10%，粗纤维32.9%，粗脂肪3.5%，无氮浸出物43.4%，粗灰分10.2%。作山羊的青饲料，年可刈割5～6次，每667平方米产草量10 000千克以上。

(八)高羊茅

1. 生物学特性 又名苇状羊茅、苇状狐茅，为禾本科多年生草本植物。具有适应性强、品质中等、草产量较高等特点，我国北方暖温带及南方亚热带都能栽培。须根系发达，茎直立，疏丛型，高80～120厘米，叶呈条形，圆锥花序，松散多枝。对多种生态环境有良好的适应性，耐寒、耐热、耐旱、耐湿，并耐酸、碱性土壤（pH值4.7～9.5）。夏季可耐38℃的高温，冬季－15℃条件下能安全越冬。

2. 栽培管理技术 高羊茅宜春秋雨季播种，以秋播为主。播前需精细整地，施足基肥。每667平方米用种量1.0～2.0千克，条播行距30厘米，播深2～3厘米，播后适当镇压。还可与豆科牧草混播。苗期生长慢，应注意中耕除草，返青和刈割后适时浇水并施速效氮肥。高羊茅每年生长期270天左右，寿命长，栽培后3～

4年达高产。

3. 利用 高羊茅草品质中等，虽然草质粗糙，但调制的干草山羊喜食。茎叶干物质中含粗蛋白质15%，粗纤维26.6%，粗脂肪2%。适宜刈割青贮，调制干草，年可刈割4次左右，且宜在抽穗期进行，以保持较好的适口性和营养价值。

(九)红三叶

1. 生物学特性 又名红车轴草，原产于小亚细亚和东南欧，为豆科三叶草属多年生草本植物，是营养丰富、饲用价值高、病虫害少、适宜于温带和亚热带地区生长的优质牧草品种。我国长江流域、华南、西南和新疆等地已广为栽培利用。红三叶为直根系，高50～140厘米。三出复叶，卵形，头状花序，腋生，花冠粉红色。荚果小，种子呈圆形或肾形。喜温暖湿润气候，具有一定的耐寒和耐热能力，土壤pH值的适应范围为4.5～8.5。生长最适宜温度为15℃～25℃，夏季凉爽和冬季较温暖的地区生长最好。生长年限为3～4年。在年降水量700～1 000毫米以上，土壤肥沃，灌溉和排水良好的地区生长茂盛，产量高。

2. 栽培管理技术 春播4～5月份，秋播9～10月份为宜。播前土地要整平耙细，并施足基肥。刈草田每667平方米播种量为1.0～1.5千克，混播用种量适当减少。播前种子用比重1.03～1.10盐水浸种。条播，行距为30厘米，覆土深度为2厘米。苗期生长缓慢，应及时中耕除草促苗生长。

3. 利用 红三叶草质柔嫩，适口性好，品质佳，其干物质中粗蛋白质含量达15%～20%，与苜蓿比，红三叶可消化蛋白质略低，而总消化养分略多，以单位面积营养物质产量计算，红三叶早期比苜蓿高，后期则较苜蓿低。一般每667平方米产鲜草3 000～5 000千克。红三叶可用于放牧、青刈、调制干草或青贮料。刈割饲用以现蕾盛期或初花期为最适宜。因红三叶的叶多、茎中空且比重小，易于调制成优质干草，如与禾本科牧草混播，还可调制青贮饲料。

(十)大翼豆

1. 生物学特性 又叫紫菜豆,为豆科菜豆属多年生草本植物,是营养价值高,草产量高,适宜于热带、亚热带地区生长的优质牧草品种。我国海南、广东、广西、福建、江西等省、自治区均有种植。根系发达,茎攀缘或匍匐,长4米以上。三出复叶,花深紫色。荚果长圆筒形,每荚有种子7～9粒,种子扁卵圆形。喜高温、高湿、阳光充足的气候,最适宜生长的温度为26℃～30℃,夏秋生长快。在降水量充沛的地区能良好生长。但较耐旱,不耐霜冻,耐践踏,适宜放牧利用。

2. 栽培管理技术 3～7月份均可播种,播前耕翻整地,施有机肥或磷肥作基肥。条播,行距为40～50厘米,每667平方米用种量为0.5千克。也可与禾本科牧草混播,用种量为0.2千克。苗期长得慢,应及时除草。

3. 利用 大翼豆营养成分丰富,干物质中含粗蛋白质22.18%,粗脂肪2.42%,粗纤维25.38%,无氮浸出物36.76%,粗灰分13.27%。生长期应及时刈割或放牧利用,以利于再生。也可调制成干草利用。如与虎尾草、俯仰马唐、巴西雀稗混播,效果更佳,每667平方米产鲜草可达8000千克左右。年可刈割2～3次,留茬30厘米。作为饲草,山羊极为喜食。

(十一)鲁梅克斯K-1杂交酸模

1. 生物学特性 又名高秆菠菜,为多年生蓼科草,可利用10～15年。耐旱,耐寒,抗盐碱,耐涝,适应性强。根深1～2米,株高1.7～2.9米,叶长45～150厘米,年收割5～6次,每667平方米产鲜草10000～15000千克。

2. 栽培管理技术 可春、秋季播种,播前应整好地,施足肥,好墒播,条播为宽窄行,行距30～60厘米,播深1.5～2厘米,每667平方米用种子100～150克,用磷酸二铵混合播,也可早春大棚育苗。每667平方米留苗1.1万～1.3万株。注意防治白粉病、尺蠖病等。

3. 利用 粗蛋白质(30%～37%)、必需氨基酸、维生素A、维生素C含量高。株高70～90厘米时可收割(30～45天收割1次)。可青饲,也可与杂草或玉米秸混合青贮。此草因含抑制家畜消化功能的酸模酸和鞣酸,适口性较差。

(十二)象 草

1. 生物学特性 又名紫狼尾草。为禾本科狼尾草属多年生草本植物,是热带和亚热带地区广泛栽培的一种高产牧草。植株高大,一般株高2～3米,高的可达5米以上。根系发达,具有强大伸展的须根,多分布于深40厘米左右的土层中,最深者可达4米。在温暖潮湿季节,中下部的茎节能长出气生根。茎丛生,直立,有节,直径1～2厘米。分蘖多,通常达50～100个。叶互生,长40～100厘米,宽1～3厘米,叶面具茸毛。圆锥花序呈黄褐色或黄色,长15～30厘米,每穗有小穗250多个,每小穗有花3朵。种子成熟时容易脱落。种子发芽率很低,实生苗生长极为缓慢,故一般采用无性繁殖。

象草喜温暖湿润气候,适应性很广,在广西海拔1 200米以下地区均能良好生长,能耐轻霜。在广州、南宁能保持青绿过冬,但如遇严寒,仍可能被冻死。在气温12℃～14℃时开始生长,23℃～35℃时生长迅速,8℃～10℃时生长受抑制,5℃以下时停止生长。具有强大根系,能深入土层,耐旱力较强,经30～40天的干旱,仍能生长;在特别干旱、高温的季节,叶片稍有卷缩,叶尖端有枯死现象,生长缓慢,但水分充足时,很快恢复生长。对土壤要求不严,沙土、黏土和微酸性土壤均能生长,但以土层深厚、肥沃疏松的土壤最为适宜。再生能力强,生长迅速,故对肥料要求较高,需施用大量有机肥和氮肥。在水分、温度适宜的条件下,一般种植后7～10天即可出苗,15～20天开始分蘖。肥地分蘖多,瘠薄地分蘖少；雨季分蘖多，旱季分蘖少。所以只有水肥充足，才能获得高产。

2. 栽培管理技术

(1)平整土地　一般应选择排灌方便，土层深厚、疏松肥沃的土地种植象草。土地深耕翻，并进行平整。按宽1米左右做畦，同时施入充足的有机肥作基肥，一般每公顷施入22 500～37 500千克。若利用山坡地种植，宜开成水平条田。

(2)种茎准备　因象草结实率、种子发芽率低及实生苗生长缓慢等原因，生产上常采用无性繁殖。应选择生长100天以上的粗壮、无病虫害的茎秆作种茎，按2～4节切成一段，以备插植。

(3)栽植　象草对栽培时期要求不严，在平均气温达13℃～14℃时，即可用种茎栽植，每畦2行，株距50～60厘米，种茎可平放，亦可芽朝上斜插，覆土6～10厘米。每公顷需种茎3 000～6 000千克，栽植后及时灌水。栽植期以春季为好，两广地区为2月份，两湖地区为3月份。

3. 利用　象草柔软多汁，适口性很好，利用率高，牛、羊喜食，特别是幼嫩期。象草具有较高的营养价值，蛋白质含量和消化率均较高。每公顷年产鲜草75～150吨，高者可达450吨。每年可刈割6～8次，生长旺季每隔25～30天即可刈割1次，不仅产量高，而且利用年限长，一般为4～6年，如果栽培管理和利用得当，可延长到7年，甚至10年。象草是我国南方建立人工草场的一种优良牧草。

象草一般多用作青饲，但亦可晒制干草或作青贮。现重点介绍青饲和晒制干草。

(1)刈割的适宜时期　象草当株高100～130厘米时即可刈割头茬草，每隔30天左右刈割1次，1年可刈割6～8次，留茬5～6厘米为宜。割倒的草梢等萎蔫后切碎或整株饲喂山羊，这样可提高适口性。

(2)晒制干草　象草割倒后，就地摊晒2～3天，晒成半干，搂成草垄，使其进一步风干，待含水量降至15%左右时运回保存，严防叶片脱落。

(3)贮存　在南方地区由于雨水多,露天贮存易积水霉变,所以用草棚进行贮存。要因地制宜,在草棚的中间堆成圆锥形或方形、长方形草垛,这样既可以防水,又可以通风,堆积方便,损失也少。

(十三)银合欢

1. 生物学特性　为含羞草科银合欢属,多年生常绿灌木或小乔木。适宜于热带或亚热带,年降水量500毫米以上的中性至碱性土壤上种植,株高5～25米。胸径15～35厘米。小叶长椭圆形,每荚具有种子12～15粒,每667平方米枝叶产量3 000～4 000千克,是当前南方亚热带石灰岩山区较理想优良饲用树种。

2. 栽培管理技术　银合欢可直播或育苗移栽。播前种子拌根瘤菌剂和适量的钙镁磷肥后播种。移植法,适用于建立种子繁殖地,也可作为放牧地。直播法,适用于大面积播种,条播行距1米,穴播株行距1米×1米,当株高1.5米左右即可放牧利用,但要加以控制,防止过牧。

3. 利用　银合欢嫩枝叶占生物量60%以上适口性好,其粗蛋白质含量26.8%～27.9%,堪称高蛋白饲料树。牛羊极喜采食,可刈割青饲也可与禾本科牧草混播放牧利用。但银合欢含有一种毒性物质——含羞草素,其代谢物对家畜有毒,所以不可单独喂食银合欢,可与其他饲料按1∶1或添加40%的银合欢饲喂。接种脱毒菌入瘤胃可降低毒性。

(十四)矮象草

矮象草是美国于20世纪80年代初培育出的一个象草矮小基因型新品种,1997年我国广西首先引进,现已在南方地区普遍栽培。

1. 生物学特性　株丛直立,圆形,株高100～150厘米,分蘖枝120～200个，株丛覆盖面积约1平方米。根系主要分布于30厘米以上地层。茎呈扁椭圆形，成熟茎表面具黑粉，节间长2～3厘米，每茎秆有7～15节。叶片长50～100厘米，宽2～3厘米。

矮象草喜温湿，耐高温，亦比较耐低温。最适宜温度为25℃～32℃，遇霜冻，地上部分枯死，地下部分仍存活，待春季气温上升到14℃开始萌发生长。在充足水肥条件下气温达35℃以上仍生长旺盛。对土壤选择不严，在海拔800米以下的各类土壤都能生长良好。

2. 栽培管理技术 矮象草3～6月种植最理想。每667平方米用种茎100千克左右，开行条播，行距30～40厘米，株距20～30厘米。种茎砍成2～3节一段，斜插，覆薄土，露顶1～2厘米，种植后对缺苗的要及时补苗、除杂草，封行前可施氮肥来促苗。在草高80厘米时开始收割利用，每次割后要松根、施肥。留种用的可不刈割。

3. 利用 矮象草分蘖与再生能力强，生长迅速，在中等水肥条件下，可年刈割4～6次，鲜草产量高达1万～1.5万千克。叶片多，叶量达茎叶总量的60%以上。营养丰富，适口性好。干物质中含粗蛋白质13.34%，粗脂肪3.32%，粗纤维28.51%，无氮浸出物39.17%，粗灰分15.6%，其草质好，可青饲或青贮后使用。

第六章　肉用山羊的饲养管理与肥育技术

一、肉用山羊的饲养管理

(一)种公山羊的饲养管理

1. 种公山羊的饲养　种公羊是羊群中一个特殊的群体，数量虽少，但种用价值高，对后代影响大。因此，对种公羊的饲养管理要给予高度的重视。总的要求是确保公羊中上等膘情、常年健壮活泼、精力充沛、性欲旺盛、精液品质良好，才能保证和提高种公羊的配种利用效果，过肥过瘦都不利于配种。在饲养上，要按种公羊的营养需要配合日粮，日粮中富含蛋白质、维生素和矿物质。给予种公羊的饲料要多样化，互相搭配，以使营养价值完全，容易消化，适口性好。尽量保证种公羊每天能够采食到足量的丰富多样的饲料。主要饲料是优质的豆科与禾本科混合干草，一年四季均要满足供给。夏季补以占半数的青刈草及青绿饲料，冬季补给适量的多汁饲料。日粮营养不足部分用混合精料补充。种公羊在配种季节以及用于人工授精的种公羊均要增加混合精料的供给量。蛋白质能影响种公羊的性功能，而钙、磷是形成正常精液所必需的物质，所以种公羊的饲料中应富含蛋白质、维生素和矿物质。一般根据配种量每日加喂适量的生鸡蛋(1～2 个)或牛奶、脱脂奶等。对精液品质差的公羊增喂豆饼、苜蓿干草、豌豆等饲料，20 天后便可获得效果。燕麦、大麦、高粱、麸皮等用量适当，亦可提高精子活力和延长精子存活时间。青草、胡萝卜、南瓜、发芽饲料等富含维生素，对精子的生成亦有促进作用。适合种公羊应用的较理想的粗饲料是高蛋白苋草、象草、黑麦草和大翼豆等优质青干草；精饲料则以燕麦、大麦、玉米、高粱、豌豆、黑豆、豆饼为好；多汁饲料有胡萝卜、饲用甜菜及青贮等。

(1)非配种期种公羊的饲养　种公羊在非配种期(休闲期)，虽然没有配种任务，但仍不能忽视饲养管理工作，应供应充足的能量、蛋白质、维生素和矿物质。理想的饲草有苜蓿草、三叶草、花生秧等，精料类有玉米、麸皮、豆饼、黑豆等。每天补给精饲料0.4～0.5千克、干草2～3千克、青贮饲料2千克、块根饲料0.5千克。夏季让公羊多吃青草，冬、春季节注意补饲优质干草和胡萝卜。配种期过后，精饲料喂给量不减，增加运动量，先减干草，经过一段时间后再适量减少精饲料，逐渐过渡到非配种期饲养标准。常年补给骨粉和食盐，喂量分别占精饲料的2%和1%。为确保公羊的精液品质、精子的活力，除了保证供给营养外，还应加强公羊的运动。在非配种期，春、夏季节以放牧为主，每日补给混合精料500克，分3～4次饲喂；在冬季除放牧外，一般每日需补混合精料500克、干草3千克、胡萝卜0.5千克、食盐5～10克、骨粉5克。

(2)配种期种公羊的饲养　配种期包括配种预备期(1～1.5个月)、配种期和配种复壮期(1～1.5个月)。种公羊在配种前的一个半月开始喂给配种期的标准日粮，开始时按标准喂量的60%～70%逐渐加喂，直至全部变为配种期日粮。饲喂量为：混合精料1.0～1.5千克，胡萝卜、青贮料或其他多汁饲料1.0～1.5千克，优质青干草足量供应，动物性蛋白饲料如鱼粉、牛奶、鸡蛋等适量供应，骨肉粉每只羊每天喂50～60克。混合精料组成为：谷物饲料50%，能量饲料以玉米为主，最好包括2～3种，如燕麦、大麦、黍米等；豆类和豆饼40%，麸皮10%。精饲料每天分2次饲喂。补饲干草时要用草架饲喂，精饲料和多汁饲料应放在料槽里饲喂。种公羊每天饮水2～3次，配种期间，早晨采精前驱赶运动30～60分钟。上下午放牧运动各2～3小时。随着配种任务的增加还要另加3～4枚鸡蛋，牛奶0.5～1.0千克，骨粉和食盐也适当提高喂量。配种后期，要逐渐降低营养水平，以适当恢复体质为目的（参见表5-11种公羊每日饲料标准）。

2. 种公山羊的管理 ①种公山羊舍要宽敞坚固，清洁干燥，定期消毒，尽量离母羊舍远些。②种公山羊舍饲时要单圈饲养，防止角斗消耗体力或受伤。在放牧时要公母分开，切忌公母混群放牧，造成早配和滥配。公母分开放牧或饲养，也利于种公山羊保持旺盛的配种能力。③配种或采精的次数一般应以每日1～2次，连配2～3天，休息1天为宜。个别配种能力特别强的公羊每日配种或采精也不宜超过3次。④定期做好种公山羊的免疫、驱虫和保健工作，保证公羊的健康。⑤舍饲种公山羊每天运动1.5～2小时。供足清洁饮水。⑥每天给种公山羊梳刷1次，以利于清洁和促进血液循环。检查有无体外寄生虫病和皮肤病。定期修蹄，防止蹄病。⑦夏季气候炎热，要特别注意种公山羊的防暑降温，为其创造凉爽的条件，增喂青绿饲料，多给饮水。

（二）种母山羊的饲养管理

1. 种母山羊的饲养 种母山羊是羊群中一个基础群体，不仅数量较大，而且承担着配种、妊娠、哺乳和提高后代生产性能等繁重任务。为获得较高的繁殖力，应给予种母山羊良好的饲养管理条件，以提高受胎率、多胎多羔率、羔羊成活率。种母山羊按生理阶段，可分为空怀期、妊娠期和哺乳期。

对种母羊的饲养，应保持良好的营养水平，以达到繁殖并更好地实现多胎、多产、多活、多壮要求的目的。根据营养水平对种母羊的影响，在舍饲期要特别注意配种前、妊娠后期和哺乳前期的饲养，这段时间要注意加强补饲，个别体况差的应当给予短期优饲，使母羊在较高的营养水平下，可以促进排卵、发情整齐、产羔期集中、多羔顺产，以利于管理，完成配种、妊娠、哺乳等任务。同时要注意羊舍保持干燥、保暖、清洁、通风良好。

（1）育成及空怀羊的饲养 羔羊断奶到第一次交配繁殖的公、

母羊称育成羊。这一阶段是羊只充分发育的时期，在断奶的最初几个月，生长迅速，这一时期饲养是否合理对其生长和体型结构起着决定性作用。因此，要喂给优质的富含蛋白质、维生素和矿物质的饲草、饲料。例如精料中可多加豆粕类，并配喂优质干草和鲜草。冬季缺乏青草时，应添加维生素 A、维生素 D 或鱼肝油类，这种添加剂可促进幼龄羊生长。在良好的营养条件下，日增重可达 150～200 克，每日需风干饲料 0.7～1.0 千克，以后随着月龄的增加，则应根据日增重及其体重对饲喂量进行适当增加。根据体况和生长速度的快慢，分别组成公、母育成群，结合饲养标准，给予不同营养水平的口粮。育成羊是羊一生中生长最快的时期，在这一时期，如果营养条件跟不上，不但会影响其自身的生产性能的发挥，而且还会影响后代的生产性能。因此，在饲养上必须注意增重这个指标，按月固定抽测体重，借以检查全群的发育情况。

空怀母羊的主要任务是恢复体况。在此期间要加强营养，使母羊很快复壮，力争满膘迎接配种。母羊所需的风干饲料为体重的 2.4%、2.6%，每日精饲料的给量不少于 0.3 千克，对个别体况欠佳、营养不良的羊只，应在配种前 1～1.5 个月对母羊加强营养，适当增加精饲料，促进母羊发情整齐和多排卵，以达到满膘配种（具体参见表 5-5、表 5-6 育成及空怀母羊的饲养标准）。

（2）妊娠母羊的饲养　母羊妊娠期 150 天。妊娠前期 3 个月，胎儿发育较慢，营养供给与空怀期相同，夜间适当补给精饲料和饲草。妊娠后期 2 个月，胎儿发育快，热能代谢提高 15%～20%，磷和钙要增加 40%～50%，钙、磷比例为 2∶1，产前 7～8 天就近放牧，防止挤压和吃变质饲草、饲料。对妊娠母羊饲养管理的任务是保好胎，并使胎儿发育良好。受精卵在母羊子宫内着床后，最初 3 个月对母体营养物质的需要量并不太大，以后随着胎儿的不断发育，对营养的需要量越来越大，妊娠后期的母羊所需营养物质比未妊娠期增加饲料单位 30%～40%，可消化粗蛋白质 40%～60%。此时期是获得初生体重大、毛密、健壮羔羊的重要时期，因此，应当精心喂养。补饲精料的标准要根据母羊的生产性能、膘情和草料的质量而定。

①配种前期的饲养管理　配种前1个月让母羊处于生长状态，不宜过肥，配种前3周连续服用维生素A、维生素D和维生素E。对乳期母羊，要供给适量食盐，每天还需补饲少量玉米。配种后2～3周放入试情公羊，配种前1～2个月接种地方性流产疫苗，在配种前1个月，应对母羊，特别是体况不佳的母羊加强饲养，适当增加精饲料。在产后7个月，应对母羊再次安排配种。应注意，对于1年产2胎或2年产3胎的母羊，配种前期正值泌乳期，应在产后1～3个月对泌乳母羊再次安排配种。

②妊娠前期(0～90天)　此期胎儿发育较慢，母羊所需营养并无显著增加，可以维持空怀时的饲料量。此期的任务是要继续保持配种时的良好的膘情，早期保胎。一般的母羊可适量增加或不增加精饲料，日粮可由50%青绿草或青干草、40%青贮或微贮、10%精饲料组成。秋季应尽量利用作物收获后的空闲地放牧和运动。高产纯种母羊每天应补给0.5千克精饲料，并注意补充多汁饲料。加强管理，不能喂发霉变质、冰冻有霜的饲料，不饮冰碴儿水，不受惊吓，以防发生早期隐性流产。

③妊娠后期(91～150天)　此期胎儿发育很快，母羊自身也需储备大量的养分，为产后泌乳做准备，妊娠母羊和胎儿共增重7～8千克，羔羊出生体重的90%是在此期形成的。妊娠第四个月，胎儿平均日增重达到40～50克，妊娠第五个月达120～150克，并且骨骼已经矿物化(大量的钙和磷沉积)。因而妊娠的最后1/3时期，母羊对营养物质的需要增加了40%～60%，对钙和磷的需要增加了1～2倍。因此，须供给充足的营养。若此期母羊营养不足，会造成羔羊初生体重轻、抵抗力弱。妊娠后期须补饲体积小、营养价值较高的优质干草和精料，并注意饲喂胡萝卜、食盐、骨粉，增加蛋白质含量，能量水平不宜过高，不要把母羊养得过肥，以免对胎儿造成不良影响。有条件的地方要加入兽用鱼肝油乳剂，

增加钙、磷的吸收，促进胎儿发育。一般情况下放牧后每日补饲干草1～2千克、青贮饲料1.5千克、精饲料0.5～1.0千克。精饲料可由41%玉米、26%麸皮、15%豆粕或麻饼、10%黑豆或早熟豌豆、2%鱼粉、1.5%酵母粉、2%骨粉、1%食盐、0.5%小苏打、1%微量元素组成。在产前10天左右多喂一些多汁料和精饲料，以促进乳腺分泌。年产2胎的母羊应全年补饲精饲料，日喂量按体重的0.8%喂给，产双羔和产3羔的母羊每只每日再增加0.2～0.3千克精饲料，分早、晚补给(参见表5-7)。对于可能产双羔的母羊及初配母羊，更要加强饲养管理。发现母羊有临产征兆，立即将其转入产房。对已进入分娩栏的母羊，应精心护理，仔细观察，避免出现分娩时无人在场接产的情况。

2. 种母山羊的管理

(1)*严防流产*　对妊娠母羊饲养管理不当时，很容易引起流产和早产。因此，应严防各种可能引起流产的因素发生。例如，要严禁喂发霉、变质、冰冻或其他异常饲料，禁忌空腹饮水和饮冰碴儿水。在日常放牧管理中禁忌惊吓、急跑、跑沟等剧烈动作，特别是在出入圈门或补饲时，要防止相互挤压。不要给母羊服用大剂量的泻剂和子宫收缩药，以防流产。母羊在妊娠后期不宜进行免疫注射。

(2)*根据营养需求，合理供应草料*　草料是肉用羊生产的物质基础，根据妊娠母羊的营养需求，合理供应草料是养好妊娠母羊的基本措施。对停止泌乳的妊娠羊，因其泌乳期营养消耗较多，要特别加强饲养管理，供给足够的营养物质，以使其身体尽快恢复，满足母体和胎儿生长发育需要。对身体尚未成熟而妊娠的母羊，需要偏料偏草、精心喂养。以优质干类饲料为主，适当配合少量青绿饲料。妊娠后期，胎儿需要母体供给大量的营养，因此要逐渐增喂些含蛋白质、矿物质、维生素丰富的精饲料和多汁饲料。但至产羔前5天应控制精饲料用量。总之，在整个妊娠期间喂用的饲料，既要富含营养物质，又不能使羊体质过肥，还要容易消化。饲喂要定时、定量、定温、定质，绝不饲喂霉烂变质和冰冻的饲料。

(3)搞好栏舍维护，加强日常管理　这是确保妊娠母羊正常生长发育和多胎高产的重要保证。入冬前不仅要维修好圈舍，防止贼风入侵，还要做到“一保、二用、三不、四勤”。一保是保证圈舍清洁卫生、干燥温暖；二用是用温水饮羊，用干草或干栏舍；三不是圈舍不进风、不漏雨、不潮湿；四勤是圈舍勤垫草、勤换草、勤打扫、勤除粪；同时，还要绝对避免踢打、惊吓，防止与其他羊或其他动物相斗或互相挤压。如无大风雪，应每天坚持适量运动或放牧。运动时要注意不能走得太快，要选择平坦的地方运动，不要走陡坡和跨沟越壕。应与公羊分开，以防强配。不要打冷鞭，以免惊羊。

(4)加强疫病防治，确保多胎高产　生产中应按照防重于治的方针，从增强妊娠羊体质和抗病力着手，切实搞好饲养管理。要特别注意不喂发霉变质、酸度大、冰冻和有毒的饲料，不饮冷水和脏水，更不能空腹饮水。羊舍饲槽要定时定期消毒，确保干净卫生。同时要密切注意天气变化，早作防范，以免大风和寒流突降导致妊娠羊患病。平时还要注意观察妊娠母羊的精神、饮食、行动和粪便排泄情况，发现异常要立即请专业兽医进行治疗。

(5)合理放牧　妊娠母羊一般比较笨重，应采取近牧，不要跑得太远。夏季天气炎热，让羊早出晚归，中午赶回羊舍。秋季牧草好时要多放牧，每天要有3～4次的饮水时间。冬季和早春由于牧草枯黄，为使羊群保持正常生长，应进行补饲。

(三)哺乳期母羊的饲养管理

母羊产后即开始哺乳羔羊，这一阶段的主要任务是保证母羊有充足的奶水供给羔羊。羔羊每增重100克，需供母乳500克，母羊每生产0.5千克奶，需消耗0.3个饲料单位、33克可消化蛋白质、1.2克磷和1.8克钙。在妊娠期饲养管理得当的母羊一般不会缺奶。为了提高母羊泌乳力，应给母羊饲喂较多的鲜、干青草，多汁饲料和精料，并注意矿物质和微量元素的供给。

肉用羔羊一般哺乳期为 4 个月(羔羊强度肥育 3 个月),其前 2 个月主要依靠母乳。哺乳期如果母羊营养好,则奶水充足,羔羊发育好、抗病力强、成活率高。如果母羊营养差,泌乳量则必然减少,这不仅影响到羔羊生长发育,而且自身也会因消耗太大,机体很快消瘦下来。

母羊产羔后因过度疲劳而口渴,应饮淡盐水或温米汤,水温在 12℃～15℃为宜。第一次饮水量以 1.0～1.5 升为宜。为防止母羊患乳房炎,在母羊产羔期应减少饲料喂量,只喂给优质青干草或块根类饲料。待产后第三天起,逐渐加喂精饲料、多汁料和青贮料。

1. 哺乳前期(哺乳前 2 个月) 母乳是羔羊重要的营养来源,尤其是出生 20 天内几乎是惟一的营养来源。此时应保证供给母羊全价饲料,以提高产奶量,否则母羊泌乳量下降,直接影响羔羊生长发育。产单羔母羊应日饲喂混合精饲料 0.4～0.5 千克,青干草、苜蓿干草 0.5 千克,多汁饲料 1.5 千克。产双羔母羊日饲喂混合精饲料 0.6～0.8 千克,苜蓿干草 1 千克,多汁饲料 1.5 千克(参见表 5-9、表 5-10)。

2. 哺乳后期(哺乳后 2 个月) 母羊泌乳力下降,加之羔羊有了采食能力,一般母羊给精饲料 0.2～0.4 千克,纯种和高产母羊每天应给精饲料0.4～0.5 千克。羔羊断奶前几天,要减少母羊的多汁饲料、青贮饲料和精饲料的饲喂量,以防乳房炎的发生。

哺乳母羊的圈舍必须经常打扫,以保持清洁干燥,对胎衣、毛团、石块、烂草等要及时扫除,以免羔羊舔食而引起疾病。要经常检查母羊乳房,如发现有奶孔闭塞、乳房发炎、化脓或乳汁过多等情况,要及时采取相应措施予以处理。

(四)羔羊的饲养管理

1. 羔羊的饲养

(1)羔羊的哺乳　羔羊出生后,1 个月内以吃母乳为主,饲喂为辅，及早开食，训练吃草料，以促进胃的发育，增加营养来源。1月龄后过渡到以采食为主、哺乳为辅。适当运动，母子分群，抓膘，驱虫。哺乳期的羔羊发育迅速，但是有些弱羔、双羔以及母羊产后死亡所留下的羔羊，应采取代哺、换哺或人工哺乳的方式哺乳。

①初乳期　母羊产后5天以内的乳叫初乳，它是羔羊生后惟一的营养物质。要尽快让羔羊吃上母羊的初乳，羔羊出生后4周内，对营养物质的需要主要依赖母乳。初乳中含有丰富的蛋白质(17%～23%)、脂肪(9%～16%)等营养物质和免疫物质，具有提供营养、增强体质、抵抗疾病和排出胎粪等很重要的作用。因此，应让初生羔羊尽量早吃、多吃初乳，吃得越早，吃得越多，增重越快，体质越强。

初生羔羊，一般情况下在母羊舔干胎水后，很快会站立起来，自己寻找乳头，吮吸乳汁。体质较差的羔羊或初产母羊及恋羔性差的母羊，需要人工保定母羊，让羔羊学会吸乳。一般单羔交替吮吸母羊两乳头，若是双羔，则固定乳头。生后20天内，羔羊每隔1小时左右吃1次奶，20天以后羔羊每隔4小时左右吃1次奶，随着日龄的增加，吃奶的次数减少，时间间隔拉长。产3羔、多羔的要找保姆羊或人工喂养，人工喂养前3天要吃母乳，否则成活率低，即使成活，抗病力也弱，易患各种疾病。

②常乳期(6～60天)　这一阶段，母乳是羔羊的主要食物，辅以少量草料。从初生到45日龄，是羔羊体长增长最快的时期；从出生到75日龄是羔羊体重增长最快的时期。此时母羊的泌乳量高，营养也很好，但羔羊要早开食，训练吃草料，以促进前胃发育，增加营养的来源。一般从10日龄后开始给草，可将幼嫩青干草捆成把吊在空中，让羔羊自由采食。生后20天开始训练吃料，在饲槽里放上用开水烫后的半湿料，引导羔羊去吃。烫料的温度不可过高，应与奶温相同，以免烫伤羊嘴。

③代哺与换哺　产双羔母羊由于奶量不足，应让其哺育较弱的羔羊，把相对较强健的羔羊让产单羔的母羊哺育或代哺；孤羔及

产后缺奶母羊所生的羔羊也应如此。采用代哺、换哺的羔羊与保姆羊所生的羔羊体格人小要相仿，以便收到较好的效果。生产实践中为提高多胎羔羊、弱羔和孤羔等缺奶羔羊的繁育成活率，多采用人工哺乳、饲养保姆奶山羊，以及在羊群中选择单产、健康、多奶的母羊实行寄养等方法。后者具有育活率高、成本低等优点。生产实践中寄养的方法是先彻底清除原胎气味，再将保姆羊的胎液、奶汁、粪尿涂在清洁的羔羊身上，使保姆羊认羔接受哺乳。具体方法如下：按临产羊体况、往年产羔记录，事先收集好单胎、膘壮、多奶母羊的胎液、胎衣，装入塑料袋，注明羊号、产期备用。将准备代哺的羔羊(最好先给羔羊吃到初乳)放在 40℃左右的温水盆中，涂以肥皂擦洗掉周身原有的气味，特别要注意洗净头顶、耳根和尾根部的胎液、胎味，再用温清水洗净皂碱液，迅速擦干，用手涂以备用的保姆羊的胎液，尤其要着重涂好母羊爱嗅羔羊的头顶、耳根和尾根部，待稍稍烤干后送给指定保姆羊即能顺利代哺。此法对稍大些日龄的羔羊实行代哺或换哺，也有较好效果。

④人工哺乳　方法较多，一般采用新鲜牛奶和羔羊代乳料。用牛奶哺乳时，要加温消毒，而且要定温、定量、定时、定质。温度一般为 38℃～39℃，喂量一般为：1 周龄 0.6 千克，2 周龄 0.9 千克，3～4 周龄 1.2 千克，5 周龄 1.5 千克，14 周龄以上减为 0.5 千克；时间一般为：1～4 周龄每间隔 4 小时喂 1 次，5～7 周龄每间隔 6 小时喂 1 次，8 周龄以上每间隔 12 小时喂 1 次。羔羊代乳料是以玉米、豆饼等为主要原料加工成粉状，加上乳酸菌和酶制剂调制而成。其营养成分类似天然母乳，易于消化吸收，羔羊食后一般无腹泻现象。羔羊 20 日龄前，代乳料用 5 倍的开水冲熟。晾凉到 37℃～38℃时用奶瓶供羔羊吸吮；羔羊 21 日龄后可干喂，也可拌在块茎饲料中饲喂。

(2)羔羊早期补饲　提早补饲有助于羔羊的生长发育，也利于羔羊提早反刍，使瘤胃功能尽早得到锻炼，促使肠胃容积增大，前胃和咀嚼肌发达。青粗饲料还能使羔羊唾液腺、肠腺和胰腺的分泌增加，提高消化能力。羔羊生后15～20天时，就应开始训练吃草料。羔羊喜食幼嫩的豆科干草或嫩枝叶，可在羊圈内吊挂草把任其采食或在羊圈内安装羔羊补饲栏，将切碎的幼嫩干草、胡萝卜放在饲槽里任其采食。20天后开始训练吃混合精饲料。一般要求混合精饲料中粗蛋白质含量在15%以上，并注意供给优质易消化、适口性好的蛋白质饲料，粗纤维含量不超过6%，同时还要补钙、磷。精饲料的组成可为粉碎的玉米、小麦、麸皮、豆饼、食盐等。初喂饲料应质地疏松，易于消化，可先炒熟后粉碎，提高适口性，不可饲喂豆类以及脂肪含量高的饲料，以免引起消化不良。为使羔羊更好地利用淀粉，可在混合精饲料中加入少量麦芽，以促进淀粉糖化。待全部羔羊都会吃料后，转入定时定量饲喂，喂料量由少到多，少给勤添。20日龄后用小盆盛些清洁饮水放在运动场上让羔羊自由饮用。从1月龄起，每只每天补饲精饲料25～50克，食盐1～2克，骨粉3～5克，青干草自由采食。羔羊50日龄后，随着母羊泌乳逐渐减少，逐渐以采食为主、哺乳为辅，进入增料阶段，对蛋白质需要逐渐转入补喂的草料上，此时在日粮中应注意补加豆饼、鱼粉等优质蛋白质饲料，以利于羔羊快生长、多增重。

2. 羔羊的管理

(1)*保温护羔*　由于初生羔羊体温调节能力差，对周围环境温度的变化很敏感，因此做好防寒保温工作，对初生羔羊尤其是对冬羔和早春羔至关重要。有条件的羊场母羊临产前要移入产房，产房要求保温效果好，没有产房的要把羊舍门窗封好，在地面上铺上柔软干净的干草，必要时可增设取暖设备。羊舍的温度应保持在5℃以上为宜。羔羊出生后，立即让母山羊舔干其身上的黏液，既有利于羔羊体温调节，又有利于母子认同。当羊舍温度适宜时，母山羊和羔羊安静地卧在一起；当羊舍温度过高时，母山羊则与羔羊卧地距离较远。根据母山羊和羔羊的上述行为动态，即可来判断舍温是否适宜，及时加以调整。在日常管护中，还要注意勤换垫草，保持栏舍清洁干燥。

(2)注意防病　在母山羊进入产房前，对产房及周围环境进行彻底消毒。羔羊出生后7～10天最易发生痢疾，应注意哺乳、饮水和圈舍卫生，观察羔羊食欲、精神、粪便状况，发现异常及时处理。出现病羔及时隔离出去，死羔及其污染物及时处理，消毒灭菌。羊舍要勤打扫，保持清洁卫生。要注意羔羊脐带消毒，防止污染。

(3)去角防斗　山羊因为好斗，有角时不易管理。为防止造成伤亡和流产，可将羊角去掉。去角时间宜在羔羊出生7～10日龄。去角时，先保定好羔羊，将角基处的毛剪掉呈凹形，周围涂上凡士林，然后用氢氧化钠棒轮换摩擦两个角基，开始时稍加用力，待出现微血管时要轻擦，直到角基上微出血时止；也可用烧红的烙铁烙角基。去角处理过的羔羊应单独管理，防止角基部被擦破而感染疾病，待伤口干好后即可归群。

(4)适当运动和放牧　1周龄以后的羔羊可利用晴天的中午放到羊舍外自由运动，晒一会儿太阳，最初晒半个小时，以后逐渐增加。为促进羔羊发育，减少母羊负担，增加合群性，到1月龄时可将羔羊编群进行放牧。放牧地点由近到远，时间由短到长。

(5)适时断奶　羔羊一般在3月龄左右断奶，早熟品种以及采取频密繁殖的羔羊在1.5～2月龄断奶。羔羊出生后50天左右，对母乳的依赖性大为降低，已转入采食植物性饲料为主的阶段，经过一段时间的适应性饲养，至3月龄时可顺利断奶，羔羊断奶可以采取一次性断乳或逐渐断乳法。一次断乳便于规模养羊的管理，逐步断乳就是逐渐减少哺乳次数，经过7～10天的断奶过程，可防止母羊发生乳房炎和增强羔羊的适应性。一般采用一次性断奶的方法，即将母子分开，不再合群，原羊圈留羔不留母，将母羊移走，因为羔羊对周围环境熟悉，留在原处饲养可减少应激反应。断奶后的羔羊应加强放牧和补饲。也可采用逐渐断奶法，即从2月龄起，逐渐延长母仔分隔时间，直至最后断奶。如果羔羊断奶较早以及少数母羊泌乳力旺盛，发现乳房充盈时，可人工挤去乳汁，对其他断奶母羊也应定时检查，防止“胀奶”引发乳房炎。

目前，随着羔羊肉生产的发展，为缩短产羔的间隔，实行密集产羔，采取了变季节性发情配种为全年发情配种以及羔羊早期断奶等措施。即羔羊断奶从传统的4～5月龄提早到2～3月龄，甚至到1.5月龄。实行羔羊早期断奶，必须早日采取调教羔羊采食饲草饲料，促进羔羊瘤胃发育，并加强羔羊断奶后的补饲，以弥补羔羊因早期断奶带来的营养不足，影响其生长发育。断奶后羔羊单独组群放牧、舍饲或肥育。

(6)补饲管理　羔羊刚开始补饲时，每天不管是否吃完，都要将剩料清扫干净，换上新鲜饲料，待全部羔羊都会吃料后，转为按日定量饲喂。补饲隔栏面积约为0.15平方米/只，进出口宽20厘米，高度38～46厘米，使羔羊能自由进出，母羊进不去为宜。应经常对隔栏进行消毒，保持卫生。

(7)去势　不留作种用的公羔，应在断奶前后去势。去势时间应在出生后2～3周进行为宜，一般选择晴天的上午进行，以便全天对去势的羔羊进行护理。体弱羔羊，可以推迟去势时间。

(五)育成山羊的饲养管理

育成山羊又称青年山羊，是指从断奶到第一次配种的公、母羊，育成肉用山羊的年龄多在4～12月龄。其饲养管理的基本要点如下：

其一，羔羊断奶后转入育成阶段，不要同时断料，要继续补料。日粮以青、粗饲料为主，刚断奶时，可视情况补饲混合精饲料15～30天，每天0.2～0.5千克/只。同时注意补盐，方法是：吊挂一种底部打孔的竹筒，竹筒内放入饲和食盐水，让山羊自由舔食补盐，或将食盐加入水中，自由饮水。该法简便有效，适用于农村或小规模的肉山羊养殖场。

其二，断奶后公、母山羊要及时分群饲养，防止滥交、早配，影响身体发育，导致早衰。

其三，育成山羊的饲养在山区以放牧为主，舍饲为辅，加强补饲、培育和管理，促进体格发育。农区舍饲育成山羊也应利用零星牧地及农田闲茬抓好放牧，加强运动。越冬补饲饲料可用豆科干草、青贮料、青干草及混合精饲料。

其四，将不宜留作种用的个体从育成山羊群中淘汰出去，阉割后肥育。

其五，合理掌握初配年龄。母山羊体重达到成年体重的70%时即可初配，不同肉用山羊品种的初配时间不一致，有的品种早，有的品种较晚，公山羊最好在1岁以上时才开始采精和配种，但不得迟于1.5岁。

其六，为准确了解育成山羊的发育状况，可每月在固定日期抽测体重，称重要安排在早晨未饲喂前或出牧前进行。

其七，育成山羊每日的饲养定额为：混合精料0.2～0.5千克，青干草0.5～2.0千克，胡萝卜0.15～0.35千克，食盐6～10克，骨粉5～9克。具体饲养标准参见表5-5、表5-6。

（六）肉用山羊的一般管理技术

1. 组群 从年龄上看，可将山羊分为公羊群、母羊群、公羔群、母羔群、青年公羊群、青年母羊群、健康羊群、病羊群。由于育种和生产任务不同，各种年龄羊在羊群中所占比例不同。为提高规模化肉山羊生产的效益，加速羊群周转，应不断降低羊群平均年龄，适当加大青年羊的比例。将公、母山羊的淘汰年龄分别限定在5～6岁和5岁，羯羊（去势的公羊）出栏不超过1.5岁。

从性别上看，羊群中繁殖母羊应占有较大的份额。在肉用山羊生产中，年末母羊比重可达60%～80%，同时可保留一定数量的去势公羔和少量育成公羊。

2. 编号 编号是肉用山羊生产和育种中一项经常性的工作。通过编号，能够识别山羊个体，便于开展选种选配和生产管理活动。山羊常用的编号方法主要有耳标法和剪耳法。一般在羔羊出生后5～7天进行编号。

（1）耳标法　耳标分为金属耳标和塑料耳标两种，形状有圆形、长条形、凸字形等。①使用金属耳标时，先用钢字钉将编号打在耳标上，习惯上编号的第一个字母代表年份的最后一位数，第二、第三个数代表月份，后面跟个体号，“0”的多少由羊群规模大小而宜。种羊场的编号一般采用公单母双进行编号。例如：70700015，“707”代表该羊是 2007 年 7 月生的，后面的“00015”为个体顺序号，单数表示此羊为公羊。耳标一般佩戴在左耳上。也有人将纯种羊的耳标、杂种羊的耳标分别戴在左耳和右耳上，以示区别。打耳标时，先用碘酊消毒，然后在靠近耳根软骨部避开血管，用打孔钳打上耳标。②塑料耳标目前使用很普遍，在用前先把羊的出生年月及个体号同时用记号笔写在耳标上，然后将耳标打在羊的耳朵上。塑料耳标不仅成本低，而且以红、黄、蓝等不同颜色代表羊的等级，实用性较强。

（2）剪耳法　一般用作等级标记。是利用耳号钳在羊耳朵上剪缺口，不同的耳缺，代表不同的数字，再将几个数字相加，即得所要的耳号。具体方法：先保定山羊，用碘酊消毒耳钳、打洞器和羊耳，然后用器械标号，操作时注意避开血管。编号原则：左大右小，上 1 下 3，公单母双，右耳上缘 1 个缺口为 1，下缘 1 个缺口为 3，耳尖缺口为 100，中间打洞为 1 000；左耳上缘 1 个缺口为 10，下缘 1 个缺口为 30，耳尖缺口为 300，中间打洞为 3 000。例如，414 号母羊的剪耳号方法为左耳尖缺口 1 个，右耳尖缺口 1 个，左耳上缘缺口 1 个，右耳上缘缺口、下缘缺口各 1 个。

3. 去势　俗称阉割、骟割。经去势的公山羊通常称为羯羊。去势的目的是为了减少初情期以后性活动带来的不利影响，改善肥育效果。去势后的公羔性情温驯，易于管理，饲料报酬提高，且肉的膻味小，肉质细嫩。但并非所有出栏的肉羊都需去势，也有一些晚熟品种或杂交种，其屠宰利用时间在初情期之前，这些公羊可不去势，而是充分利用雄性激素的促生长作用，加快公羊的生长。还有一些羊场为满足特定的需要，专门饲养肥育公羊作上市之用。

公羔去势一般在2～4周龄进行。

(1)公羊去势方法

①手术法　就是使用阉割刀切开阴囊皮肤及纵隔，摘除两只睾丸的方法。手术应在晴天进行，以利于创口愈合。手术时需两人配合操作。保定者用手提起羔羊两后肢，再用双腿夹住羔羊前身。术者将阴囊外部用5%碘酊消毒后，左手握住阴囊上方，固定睾丸，右手持消毒过的阉割刀，在阴囊底部做一个2厘米左右与纵隔平行的切口，挤出睾丸，并钝性刮断精索，然后切开睾丸纵隔，摘除另一只睾丸。最后在阴囊内撒20万～30万单位青霉素，将阴囊切口对齐并用碘酊消毒即可。去势后每隔2～3小时驱赶羊只1次，让其活动一下，且保持羊舍干燥卫生，防止羊只卧休在肮脏的地方感染创口。术后遇见阴囊肿胀时，要用力挤出血水，再涂上碘酊或消炎粉。

②结扎法　为小公羊的简便去势方法。用强力橡皮筋，也可用自行车内胎剪成2～3毫米宽的胶圈，紧紧勒住阴囊的上方，使得睾丸和阴囊的血液循环受阻，约经14天，阴囊和睾丸萎缩后脱落。结扎后第一至第二天羔羊疼痛不安，甚至拒食，以后会逐渐适应。

③刀切法　通常将羔羊前后肢同时握住，将羔羊半蹲半仰置于凳上，羔羊背部贴在术者胸前，将羔羊阴囊外部用碘酊消毒，一手握住阴囊上方，另一手用消毒过的手术刀在靠近阴囊侧下方1/3处切口，将睾丸和精索一并挤出扯断，刀口涂碘酊并撒上消炎粉。

④结扎法　在小公羊1周龄左右，将睾丸挤到阴囊的外缘，在精索部将阴囊用橡皮筋紧紧结扎，经过20～30天，阴囊和睾丸萎缩并自然脱落，不出血，可以防止感染。是目前使用最广泛的方法。

⑤药物去势法　按刀切法对羔羊进行保定。手术人员一手握住阴囊顶部，将睾丸轻轻挤压到阴囊底部，使其固定而不滑动。在阴囊顶部与睾丸对应处用碘酊消毒。另一手拿吸有消睾注射液的

注射器，从睾丸顶部顺睾丸长径平行进针扎入睾丸实质，针尖应抵达睾丸下1/3处，慢慢注射，边注射边退针，使药液停留于睾丸1/3处。依同法做另外一侧睾丸注射。剂量为每只0.5～1.0毫升。注射后的睾丸呈膨胀状态，不要挤压睾丸，以防药液外溢。

(2)*母羊去势方法* 淘汰母山羊经去势后育肥，其生长速度、肉的品质、板皮质量及饲料转化率与去势公羊没有显著差异，但与非去势母羊相比，差异则十分显著。去势方法可采用大挑花手术去势法。

术前对处于休情期无种用价值的母羊禁饲8～12小时，并备好手术用品。术时助手对母羊采用右侧卧保定，羊背部对着术者。术者一只脚踩住羊的颈部，另一只脚踩住羊尾，助手将羊的两后肢向后拉直即可。术部位于髋结节前端2～3指向斜下方3～4厘米处。术部常规消毒，用“大挑花”刀做一个长2～3厘米的直切口，切开皮肤到腹膜时用刀柄作钝性分离，扩大切口，伸进食指，正对肷窝方向深入触摸卵巢和子宫角。当手指摸到卵巢时，将卵巢基部及输卵管钩紧，在腹外拇指配合下，将卵巢沿腹壁移向切口附近，用柄钩把左侧卵巢取出。再用手指伸入直肠下方到右侧探摸右侧卵巢，同法钩出，分别结扎或不结扎卵巢基部而做完整切除。子宫复位后，缝合腹膜和肌肉，然后结节缝合皮肤，术部消毒后将羊置于清洁干燥羊舍中。术后1～2天适当减饲，并喂给易消化而富有营养的饲料。

4. 修蹄 舍饲的山羊因蹄磨损少，越长越长，从而造成行走不便，采食困难，甚至会出现蹄病。故每年要为成年山羊定期修蹄，舍饲山羊每年修蹄3～4次，放牧山羊春秋季各修蹄1次。种公羊如长期不修蹄会出现行走困难，严重者丧失配种能力。修蹄时，让山羊半躺在人的两腿中间，并将其后腿跷起来，使其不能挣扎，顺序由前蹄到后蹄，先用刀具刮出趾间脏物，再用剪刀剪掉所有松动多余的蹄甲，然后用修蹄弯刀将蹄底的边缘修整到与蹄底一样平齐。千万不可修剪过度，以防出血。如出血不止，可用烧红的烙铁轻快地烙一下以止血。变形蹄要逐步修整校正。修蹄多在雨后蹄质稍软后进行。

5. 驱虫 寄生虫病对山羊危害较大。山羊患寄生虫病，表现为食欲减退，生长缓慢，贫血，消瘦，严重感染者危及生命。为预防和控制山羊寄生虫病的蔓延，羊场每年都要于春秋两季对羊群进行驱虫，常用的驱虫药有四咪唑、驱虫净、丙硫咪唑、虫克星(阿维菌素)等。其中丙硫咪唑为广谱驱虫药，对线虫、吸虫、绦虫等均有较好的驱虫效果，口服剂量为每千克体重 15～20 毫克。驱虫前，可采集羊粪做寄生虫卵检查，有目的地交叉使用 2～3 种驱虫药，效果更佳。

6. 刷拭 山羊爱干净，但体表常会粘上叶片、粪便、尘土、皮屑等污物等。刷拭可清除羊体表脏物和落毛，加快山羊血液循环，改善消化功能，促进新陈代谢，减少体表寄生虫病的发生，促进生长。每天可给山羊刷拭 1～2 次，保持体毛光顺，皮清毛亮。常用的工具有棕刷、梳子等，刷拭顺序由前至后，由上到下，一般在采食后进行，此时山羊不愿活动，容易刷拭。

7. 年龄鉴定 在山羊生产和育种过程中，准确了解其年龄很有好处，特别是在引种过程中，如果缺少记录资料，为确保引进良种的质量，对山羊进行年龄鉴定尤为必要。常采用牙齿鉴定法。由于山羊牙齿的生长、脱换、磨损的形状、松动有一定的规律可循，因此，可以通过查看门齿来确定大致年龄。

不足 1 岁的山羊牙齿有 20 枚，称为乳齿；成年山羊的牙齿大而稍黄，共有 32 枚，称为永久齿。山羊没有上门齿，只有 8 枚下门齿和 24 枚臼齿，上下牙床各长有 12 枚臼齿。8 枚门齿由中间向两边分布，分别叫做切齿、内中间齿、外中间齿、隅齿，均成对存在。从 1 岁左右起，乳门齿逐步被永久齿所取代，直到 3～4 岁，4 对门齿全部换成永久齿。4 岁以后，需要根据牙齿磨损程度和牙齿间隙来判别年龄，年龄越大，牙齿间隙越大，最后松动、脱落。

有一则歌诀形象准确地描述了山羊牙齿的生长、换牙、磨损和脱落的过程。即“一岁半，中齿换；到两岁，换二对；二岁半，三对全；满三岁，牙换齐；四磨平；五齿星；六现缝；七露孔；八松动；九掉齿；十磨净”。

8. 挤奶 在肉羊场，如果母羊泌乳量大而羔羊不能吃完，应将多余的奶挤掉，以免发生乳房炎。挤奶的方法有拳握法和滑挤法。

拳握法适用于奶头长短适中的母羊。用大拇指与食指握住奶头的基部，两手指不能来回移动，然后依次将中指、无名指、小拇指向手心方向挤压，乳汁就会被挤出来了。当三指依次挤压时，大拇指和食指要握紧，不能放松，以防乳汁回流。第一把挤出，大拇指和食指稍松后又握紧，中指、无名指、小拇指再依次紧压，这样反复进行。挤奶时两手用力要均匀、轻快，左挤一把，右挤一把，相互交替，速度一致。

9. 草料储备 秋季要收贮好饲草饲料，为越冬作好准备。草料的来源很多，有晒制的干草、青贮饲料、多汁饲料、收集的农副产品、加工的颗粒料等。日粮的组合为干草、青贮料、多汁料、精饲料等。贮存数量一定要充足。预计贮备量＝饲养只数×每日羊需要量×越冬天数×（1.1～1.2）。各种野草、树叶、果叶及花生藤、山芋藤以及人工种植的南方优质牧草都是冬季补饲的草料。特别是玉米秸、麦秸等农作物秸秆可制成青贮、微贮、氨化饲料，为舍饲不可缺少的饲料。玉米、小麦、麸皮、豆饼、棉籽饼等精饲料及胡萝卜、甜菜等多汁饲料更是哺乳母羊和羔羊必不可少的理想饲料。

二、肉用山羊的肥育技术

肥育是商品肉用山羊生产的常用手段。商品肉用山羊在出栏或屠宰前经一段时间的肥育，其活重增加，屠宰率提高，肉的品质得到改善，从而达到提高生产效率和经济效率的目的。肉用山羊的肥育，包括当年羔羊和老残羊或淘汰羊的肥育。当年羔羊的肥育可以减轻越冬饲草的压力，降低饲养成本，提高出栏率。老残羊和淘汰羊的肥育可以提高适龄母羊的比例，降低死亡率，提高饲养山羊的经济效益。

(一)肉羊肥育前的准备

养羊场、养羊专业户在年初应制定肉羊生产计划，组织适度规模的羊群，进行阉割，驱虫和草场规划工作，为肥育作准备，具体包括几项：

一是羊群的准备。将不作种羊的冬春公羔集中起来进行肥育。一般养羊场可组织批量生产，每批 500～2 000 只；牧区每户可饲养 200～400 只；农区每户可饲养 30～50 只。饲养条件、人力和物力都比较好的饲养户，还可适当增加饲养数量。

二是计划投入肥育的羊，在肥育前应经过检查，健康无病者方可进行肥育。

三是肥育羊应分类组群。因为羊肉可分为羔羊肉和大羊肉两大类，在这两类中，除了年龄不同之外，还有性别和品种差别。所以，这两类羊的新陈代谢和采食、消化、吸收和转化的功能均有不同。为使各类羊的肥育均能获得最好的效果和最高的效益，在羊只投入肥育之前，要先将其按年龄和性别分别组群，如果品种性能差别较大，还应把不同品种的羊分开。

四是所有肥育羊只在参加肥育之前还应进行驱虫、药浴、防疫注射和修蹄，以确保肥育工作顺利进行。

五是早熟品种 8 月龄、晚熟品种 10 月龄以上的公羊和大公羊，在投入肥育前都要去势，既有利于羊只的肥育，又能使羊肉不产生膻味，品质好。

六是肥育前后及要进行称重，以便与肥育结束时的称重结合起来，检验肥育效果和效益。

七是肥育羊在秋末冬初或 8～10 月份时出栏。

(二)肥育方式

肉用山羊按其肥育方式，可分为放牧肥育、舍饲肥育、混合肥育；按肥育月龄，可分为羔羊肥育、成年羊肥育。从发展趋势看，羔羊肉生产以周期短、耗料少、成本低、效益好、肉质鲜美而日益受到重视，成为我国肉用山羊生产中最具活力和竞争力的领域。采取什么样的肥育方式，主要看当地的饲草饲料资源和自然气候条件。在农区，以舍饲肥育为主；在牧区，以放牧肥育为主；而放牧加补饲的混合肥育则在我国广大地区普遍采用。总之，饲养肉用山羊要结合当地实际，选择适合本地的最佳肥育方式。

1. 放牧肥育 指利用天然或人工草场、林间地带以及秋茬地放牧，使山羊增膘增重的一种肥育方式。此种方式的优点是节省资金和人力，生产成本低，综合效益高，且肉质鲜美；缺点是受气候及草场等因素的干扰和影响，肥育效果不够稳定，也不够理想。

羔羊和拟淘汰的成年山羊均可进行放牧肥育。在肥育之前，公羔及淘汰公羊要进行去势，羊群普遍进行修蹄、驱虫。若淘汰羊多，可按品种、年龄分群；若淘汰羊少，可混编一群。放牧时要选择草质较好的牧坡，肥育过程中要保证饮水和食盐的供给。成年山羊因补偿生长，需要放牧在禾本科牧草较多的草场；羔羊则处于快速生长期，需放牧在豆科牧草为主的草场。成年山羊放牧肥育时，日均采食量为6～8千克，平均日增重100～200克。如果草质好，山羊放牧肥育期一般为80～90天，但视不同类羊群而有所区别。在牧草旺盛时，肥育羊每天放牧8小时以上，一般不需补喂精饲料。饲喂3～6个月出栏。如淘汰母羊群肥育期可在秋场结束，而当年羔羊应在秋季放牧肥育结束后予以适当补饲，达到上市体重后出栏。

2. 舍饲肥育 指山羊在舍饲条件下，喂以满足营养需要的配合日粮而进行短期肥育，使羊只获得较高的日增重，在一定时间内达到肥育目的的一种肥育方式。这种方式在饲料资源丰富的地方广泛采用，其优点是肥育期短，羊群周转快，肥育效果好，受气候变化、草料供给等因素的影响小，但投资较大，技术要求较高。在肥育期和羔羊月龄相同情况下，舍饲肥育羔羊比放牧肥育羔羊活重增加 10%，胴体重增加 20%。在秋后利用秸秆和精饲料对淘汰母羊进行舍饲肥育 45～60 天，即可达到屠宰体重。

舍饲肥育多在秋冬牧草枯黄之时或在屠宰前短时期进行。肥育羊只为羔羊和作淘汰的成年山羊，以及来自放牧肥育未达上市体重的羊群。在肥育之前，应做好去势、修蹄、驱虫、分群等工作。肥育所用饲料除优质牧草、谷物类籽实、农作物秸秆外，还要充分利用米糠、麸皮、饼粕、酒糟等粮油及其他加工副产品、多汁饲料、淀粉类饲料，尽可能降低饲料成本。但精饲料营养要全面，在日粮中要占有较大比例，进行短期高强度肥育时，精饲料可占日粮干物质的 45%～60%，最好喂给颗粒饲料，并逐渐增加喂量，防止羊只突然采食过多精料而发生肠毒血症、尿结石症等疾病。一般日喂 3～4 次，先喂精饲料，再喂多汁饲料，最后喂优质干草。饲喂时间间隔要适当，并保证食盐、饮水的供给。

3. 混合肥育 指放牧与补饲相结合的一种肥育方式。它有两个方面的含义：其一，在白天放牧的基础上，夜间补饲一些精饲料，使山羊在短期内上膘而达到肥育目的；其二，放牧一段时间后，再转入舍饲肥育。此种肥育方式兼顾放牧与补饲的双重优点，既充分利用放牧以降低成本，又通过补饲精饲料以提高营养水平，两者结合，提高了肉用山羊肥育的整体经济效益，特别适用于肉羊的后期强度肥育。按照肉羊饲养标准，每天吃足草料，供给蛋白质和矿物质丰富的精饲料。一般日粮中粗饲料占 60%～70%，精饲料占 30%～40%。半舍饲肥育既能充分利用夏、秋季节丰富的牧草，又能利用各种农副产物及部分精料，特别在肥育后期适当补喂混合饲料，可以增加肥育效果。半舍饲肥育要求，既要抓好放牧工作，又要抓好补饲工作。一般每天每只羊可补喂混合饲料 0.25～0.50 千克，青绿饲料或青干草 0.5～1.0 千克。

当年放牧肥育羔羊在入冬前达不到屠宰体重的，以及参与放牧但要淘汰的成年山羊，均可转入舍饲肥育。一般做法是：第一个月全天放牧，第二个月补加精饲料，或第一、第二个月放牧的同时补加精饲料，精饲料补饲逐步增加。混合肥育与单一放牧肥育相比，肥育山羊增重提高 30%～60%，肥育效果理想。

(三)一般肥育技术

1. 组群肥育 组群是肉用山羊肥育前的一项准备工作。组群得当，既可为不同类型的山羊制订并实施增重计划，安排放牧地，确定日粮和饲养方法，又便于放牧和舍饲管理，使得同一群山羊生长均衡，增重趋于一致。在肥育前可按山羊的品种、年(月)龄、性别、体重、膘情、强弱等情况分别组群，分圈饲养。生产中一般将肥育山羊分成羯羊群、淘汰母羊群、当年羔羊群等，如同一类型的羊群数量大，又可按膘情、体重、强弱再进一步细致分群，对不同类型的羊群给予不同的日粮，分别采取相应的饲养管理方法，避免混群饲养造成肥育效果参差不齐。肥育开始后 1～2 周要勤观察、勤检查，每天巡视 2～3 次，掌握羊只的神态、采食、粪便、合群等情况，挑出伤、病羊单独饲养。

2. 注意调节棚舍内温度 有围栏和饲槽而无棚舍的敞圈，适合温暖地区使用，虽然生产成本低，但饲养环境温度不好调节。棚圈和羊舍养羊，其舍内温度可以调节，肥育效果优于敞圈肥育。调节方法为，冬季加强保温，防御严寒；夏季加强通风换气，屋顶铺草隔热，以及使用电风扇降温。

3. 掌握适宜饲养密度 在舍饲肥育情况下，肉用山羊的饲养密度要适宜。密度过大时，羊只拥挤，抢食，活动受限，采食不均，肥育效果不好；密度过小时，羊只活动量增大，消耗能量多，冬季不保温，肥育效果也不理想。肉用山羊适宜的饲养密度：羔羊 0.5～0.8 平方米/只，成年羊 1～1.5 平方米/只。饲槽长度也应与羊只数相称，一般羔羊 20～30 厘米/只，成年羊 35～50 厘米/只。

4. 选用适当肥育强度 肉用山羊的肥育按日粮组成可划分为精饲料为主型肥育、精饲料补充型肥育和牧草型肥育。精饲料为主型肥育速度快，周期短，强度大，适合断奶羔羊舍饲肥育，但耗用精饲料多，生产成本高。精料补充型肥育速度居中，强度中等，适合各类山羊肥育，特别是能充分利用秸秆、饲草、农副产品等饲料资源，大大降低生产成本，而又能获得一定的增重速度。牧草型肥育需在牧草丰盛的牧地上进行放牧，为自然肥育方式，较为粗放，肥育周期较长，强度低，但技术要求不高，易于管理，生产成本低。肉用山羊饲养场、饲养户可根据当地的饲草饲料资源、气候、市场需求等因素，选择合适的肥育强度，以取得最佳的经济效益。

5. 因地制宜巧配日粮 配制山羊肥育期日粮，要达到营养全面、饲料易得、价格低廉的目的。首先，要根据饲养标准和肥育方案，设计肥育羊饲料配方，保证日粮的全价性。其次，就地取材，尽可能多地使用来源广泛、数量充足的本地饲料，如日粮中蛋白质不足时可考虑选用棉籽饼、菜籽饼、豆饼、豌豆饼等植物性蛋白质饲料。还可添加尿素等非蛋白氮饲料，但要使氮硫比和钙磷比分别为10∶1和2∶1，可在日粮中添加0.5%氯化铵或硫酸铵。并将多种草料合理搭配饲喂，降低饲料成本。再次，根据肥育强度的变化调整日粮组成。肥育羊日粮中粗饲料与精饲料的最佳比例为55∶45。肥育强度越大，精饲料比例越大；肥育强度越小，粗饲料比例越大。即使进行短期高强度肥育时，也必须保证一定比例的粗饲料，因为粗饲料对山羊的消化代谢是不可缺少的。为达到预定的肥育效果，提高日增重，还可在日粮中加入促生长剂。

6. 科学放牧 科学放牧体现在放牧时机的把握和牧草地的合理利用。夏秋季节牧草丰茂，鲜嫩多汁，营养性好，对放牧肥育山羊来说，应采用早出牧、晚归牧和适当夜牧等措施，延长有效放牧时间。南方夏天气候炎热，要采取早晚两头放牧，中午及其前后将羊赶到树荫下休息，避开高温时间。在草地的使用上，尽量选择草质好的牧地放牧，但草场有好有差时，肥育前期应在草质稍差的草场上放牧，肥育后期转入草质好的草场放牧。秋后可利用秋茬地放牧。在放牧肥育过程中，要让羊喝足水，并保证食盐的供给。

7. 合理饲喂管理

(1)料型和喂量　日粮中的草和料可分开饲喂肥育羊，也可以混合喂给。青干草和粗饲草要铡短，块根块茎类饲料要切成片，均采取少给勤添的饲喂方法。精饲料每天饲喂2次。使用青贮、氨化、秸秆饲料代替牧草时，喂量应由少到多，逐步增加，让羊有一个适应过程，且用量要适当控制，每只成年山羊每天饲喂青贮饲料不超过1.5～2.5千克，氨化秸秆不超过1～1.5千克。将精、粗饲料混合制成粉粒状或颗粒状饲喂，山羊不挑食。粉粒状混合料中粗饲料应予粉碎，粒径不超过10～15毫米，用量占20%～30%，饲喂时拌成干湿料。颗粒料粒径和粗饲料比例因羊而异，用于羔羊的粒径为10～13毫米，成年羊为18～20毫米；粗饲料在颗粒料中的比例，羔羊在20%以内，成年羊不超过60%。喂料量以吃完不剩最为理想。

(2)饮水　每天供给肥育山羊充足清洁的饮水，有利于羊只消化吸收营养物质，排泄废物，减少消化疾病、尿结石等病的发生。肥育山羊的日饮水量随气温变化而增减，气温在20℃时羊的饮水量比在15℃时约增加30%，气温在25℃时比在20℃时约增加50%。最好采用饮水器或流动清洁水水槽饮水。

(3)放牧—舍饲过渡期　肥育山羊由放牧转换到舍饲方式，要有一段时间的过渡期，切不可急剧转换，以免引起山羊消化系统疾病。一般在头3～5天内只喂饲草和饮水，不给精饲料，之后5～7天精饲料喂量先少后多，逐渐增加，经10天左右即可实现完全过渡。

(4)饲料变换期　在山羊肥育过程中，有时需要变换饲料种类和饲粮类型，应采取渐进式转换的办法。如以一种饲料取代另一种饲料，可每隔2～3天替换1/3，直至全部替换。如果用粗饲料替换精饲料，则替换期更长一些，为10～14天，让羊更好地适应新的饲料。

（5）饲料品质　所喂饲料应新鲜、干净、卫生，品质良好，禁喂霉烂、腐败、变质及有毒有害饲料。

8. 适时出栏　肥育期结束后，肉用山羊要及时上市。大多数地区肉用山羊都在每年的秋末冬初出栏屠宰。这时羊的膘情最好，且山羊收购、宰杀也进入高峰期，市场价格最高。若推迟上市，则肥育期延长，增加了生产成本，降低了经济效益。为加快羊群周转，提高养羊效益，肉用山羊饲养场、饲养户应按照预定的肥育计划，进行肥育，适时上市。

（四）羔羊肥育技术

1. 羔羊肥育生产的优点

一是羔羊肉具有鲜嫩、多汁、精肉多、脂肪少、味美、易消化及膻味轻等特点，深受欢迎，市场需求量大。羔羊生长快，饲料报酬高，成本低，收益高。在国际市场上羔羊肉的价格高，一般比成年羊肉高1～2倍。

二是羔羊当年屠宰，减轻了越冬度春的人力和物力的消耗，避免了冬季掉膘，甚至死亡的损失，加快了羊群周转，缩短了生产周期，提高了出栏率及出肉率，当年就能获得最大的经济效益。

三是由于不养羯羊，压缩了羯羊的饲养量，从而改变了羊群的结构，大幅度地增加了母羊的比例，有利于扩大再生产，可获得更高的经济效益。

四是6～9月龄羔羊所产的毛、皮价格高，所以在生产肥羔的同时，又可生产优质毛皮，增加经济效益。

利用幼龄山羊4～10月龄期间生长发育快、产肉多、肉质不肥不腻、细嫩可口的特点，在断奶后加强补饲和放牧，使其快速生长和肥育。羔羊肥育以舍饲条件下进行较好，所用饲料除优良的豆科和鲜、干青草外，青贮料、根茎类饲料、加工副产品（如酒糟、豆饼、麸皮、糠、渣等）也可。也可采用秋季放牧结合补饲进行肥育的方法。

(1)普通羔羊肥育技术　羔羊断奶后肥育是羊肉生产的主要方式,因为断奶后羔羊除了部分选留到后备群外,大部分要出售。通常对体重小或体况差的羊只进行适度肥育,对体重大或体况好的羔羊进行强度肥育,均可进一步提高经济效益。可视当地牧草状况和羔羊类型选择肥育方式。

①预饲期的饲养管理　预饲期可分为3个阶段。每天喂料2次,每次投料量以30～45分钟内吃净为佳,不够再添,量多则要清扫。饲槽位置要充足,加大喂量和变换饲料配方都应在3天内完成。断奶后羔羊运出之前应先集中,暂停给水、给草,空腹一夜后次日早晨运出;入舍羊只应保持安静,供足饮水,1～2天只饲喂一般宜消化的干草;全面驱虫和预防注射。根据羔羊的体格强弱及采食行为差异调整日粮类型及组成。

第一阶段(1～3天),只喂干草,目的是让羔羊适应新的环境。

第二阶段(3～10天),从第三天起逐步更换干草日粮,第七天换完,喂至第十天。日粮配方为:玉米(粒)25%,干草64%,糖蜜5%,饼粕5%,食盐1%,杆菌肽锌50毫克。此配方精、粗饲料比为36∶64。

第三阶段(10～14天),日粮配方为:玉米(粒)39%,干草50%,糖蜜5%,饼粕5%,食盐1%,杆菌肽锌35毫克。此配方精、粗饲料比为50∶50。

②正式肥育期的饲养管理　预饲期结束后,转入正式肥育期。此期内应根据肥育计划、当地条件和增重要求,选择日粮类型,并在饲养管理上分别对待。

a. 精饲料型日粮　此类型日粮仅适于体重较大的健壮羔羊肥育用,如出生重3.5千克左右,经40～55天的强度肥育,出栏体重可达48～50千克。日粮配方为:玉米(粒)96%,蛋白质平衡剂4%,矿物质自由采食。其中蛋白质平衡剂的成分为上等优质豆科牧草62%、尿素31%、黏合剂4%、磷酸氢钙3%,经粉碎均匀后制成直径 0.6 厘米的颗粒；矿物质成分为石灰石 50%，氯化钾 15%，硫酸钾 5%，微量元素盐 28%，土霉素 50 克加预混料 454 克，占 2%。矿物质中的微量元素盐成分除日常喂盐、钙、磷之外，再加入双倍食盐量的骨粉，具体比例为食盐 32%、骨粉 65%、多种微量元素 3%。应保证羔羊每日食入粗饲料 45～90 克，可以单独喂给少量秸秆，也可用秸秆当垫草来满足羔羊的需求。

采用精饲料型日粮进行羔羊肥育，要求进圈羊只体重在 35 千克左右。进圈羊只休息 3～5 天，注射羊快疫、猝殂、肠毒血症三联疫苗，预防肠毒血症，14～15 天后再注射 1 次。保证饮水，并对外购羊只在水中加抗生素，连饮 5 天。采用自动饲槽时，要保持槽内饲料不出现间断，每只羔羊应占有 7～8 厘米的槽位。羔羊对饲料的适应期一般不少于 10 天。

b. 粗饲料型日粮　此类型可按投料方式分开喂给，是把精、粗饲料混在一起的全日粮饲料。为减少饲料的浪费，规模化肉羊饲养场可采用自动饲槽，日粮要求如下：干草应以豆科牧草为主，蛋白质含量不低于 14%。按照逐渐增加慢换原则，逐步转到肥育日粮的全喂量。每只羔羊每天喂量按 1.5 千克计算，自动饲槽内装足 1 天的用量，每天投料 1 次。但注意不能让槽内饲料流空。配制出来的日粮在成色上要一致。带穗玉米要碾碎，以羔羊难以从中挑出玉米粒为宜。

典型日粮配方如下：

配方一：玉米（粒）58.75%，干草 40.00%，豆饼 1.25%，另加黄霉素预混剂（4%黄霉素）40 毫克/千克饲料。此配方精、粗饲料比为 60∶40。

配方二：全株玉米 65%，干草 20%，蛋白质补充剂 10%，糖蜜 5%。此配方中蛋白质补充剂成分为：豆饼 50%，麸皮 33%，稀糖蜜 5%，尿素 3%，石灰石 3%，磷酸氢钙 5%，微量元素加食盐占 1%，每千克补充剂中另加维生素 A 33 万单位、维生素 D 300 单位、维生素 E 330 单位。此配方精、粗饲料比为 67∶33。

配方三：玉米(粒)53.0%，干草47.0%，另加土霉素钙预混剂55毫克/千克饲料。此配方精、粗饲料比为53∶47。

配方四：全株玉米58.75%，干草20%，蛋白质补充剂7.5%，糖蜜5%。其中蛋白质补充剂成分同配方二。此配方精、粗饲料比为59∶41。

c. 青贮饲料型日粮　此类型日粮以玉米青贮饲料为主，可占日粮的67.5%～87.5%，此日粮不适于肥育初期的羔羊和短期强度肥育羔羊，可用于肥育70～80日龄的体小羔羊。肥育羔羊开始应喂预饲期日粮10～14天，再转用青贮饲料型日粮。随后逐日增加适当喂量，10～14天内达到全量。严格按日粮配方比例混合均匀，尤其是石灰石不可缺少。要达到预期日增重110～160克，羔羊每日进食量不应低于2.30千克。

典型日粮配方如下：

配方一：碎玉米(粒)27%，玉米青贮67.5%，豆饼5.0%，石灰石0.5%，维生素A和维生素D分别为1 100单位和110单位，金霉素预混剂22毫克/千克饲料。此配方精、粗饲料比为67∶33。

配方二：碎玉米(粒)8.75%，玉米青贮87.5%，蛋白质补充剂3.5%，石灰石0.25%，维生素A和维生素D分别为825单位和83单位，金霉素预混剂22毫克/千克饲料。此配方精、粗饲料比为32.5∶67.5。

(2)羔羊快速肥育　在羔羊肉中有一种专称为肥羔羊肉，系指在30～60日龄断乳，然后马上转入肥育，在4～6月龄，体重32～35千克进行屠宰所得的羔羊肉。这种羊肉纤维柔软，细嫩多汁，脂肪适量，营养丰富，味道鲜美，易消化。目前在国际市场上畅销，价格比成年羊肉高30%～50%。

①肥育羊的选择　肥育的羊应是断奶羔羊，来自于优良公母羊的杂交后代，其父本应是个体大、生长快、肉用性能突出的品种，母本应是早熟、繁殖率高、母性强、肉质好、适应当地生态条件的品种。如选择波尔山羊及其高代杂种作为父本，选择早熟、多胎、多

产的地方品种山羊作为母本进行杂交，所产杂交一代断奶羔羊进行肥羔生产。肥育羊应健康无病，太瘦太小的羔羊不适宜快速肥育。

②肥育方法　一般选择波尔山羊杂交一代 3 月龄断奶羔羊，进行快速舍饲肥育，50～60 天即可上市、宰杀。整个肥育期可分为二个阶段，一是肥育前期(预饲期)，二是催肥期(正饲期)。

a. 肥育前期　指断奶羔羊进入肥育圈后的一个适应性过渡期，又称预饲期，一般为 10 天左右。

羔羊进入肥育圈后，先进行健康检查，无病者方可进行肥育。然后把羔羊按性别、年龄和体格大小进行分类组群，并进行驱虫、药浴、免疫注射、修蹄、称重。

为促进羔羊的消化功能，使其尽快适应快速肥育方式，预饲前期宜用粗饲料比例相对较高的日粮喂羊。其典型配方为：玉米 25%，干草 64%，糖蜜 5%，菜籽饼 5%，食盐 1%，另加金霉素 20 毫克/千克。此配方含粗蛋白质 12.9%，钙 0.78%，磷 0.24%，精粗饲料比为 36∶64。预饲后期宜用精、粗饲料比例相同的日粮。其典型配方为：玉米 39%，干草 50%，糖蜜 5%，菜籽饼 5%，食盐 1%，另加土霉素毫克/千克。此配方含粗蛋白质 12.2%，钙 0.62%，磷 0.26%，精、粗饲料比为 50∶50。

精饲料每天饲喂 3 次，每次饲喂量以 45 分钟左右吃净为佳，加大精饲料量或变换饲料配方都应至少有 3 天的适应期。

b. 催肥期　预饲期结束后即转入催肥期，即正饲期，一般为 50 天左右。

对体格或年龄大的羔羊给以高营养日粮，进行短期强度肥育。建议日粮配方为：玉米 58%，干草 40%，豆饼 2%，另加金霉素 25 毫克/千克。此配方含粗蛋白质 11.4%，钙 0.46%，磷 0.26%，精、粗饲料比为 60∶40。

对体格或年龄小的羔羊可先给以中营养日粮进行一段时间适度肥育，让其先长体格，然后再转入高营养短期强度肥育。建议日粮配方为：玉米53%，干草47%，另加金霉素20毫克/千克，此配方含粗蛋白质11.3%，钙0.63%，磷0.25%，精、粗饲料比为53∶47。

有条件的尽可能将精、粗饲料混合在一起，配制成直径为1～2厘米的颗粒饲料喂羊。并建立正常的管理制度，定时给羊喂料、饮水，饮水要供应充足，水质良好，冬春季节，水温一般不能低于20℃，并保持清洁卫生。

③注意问题　利用杂种优势，选择早熟性好、多胎高产的母羊生产肥育用羔羊。尽可能产早春羔或冬羔。有利于延长羔羊入冬前的生长期，增加羔羊胴体重。加强哺乳期母羊和羔羊的饲养管理，使羔羊在哺乳期得到很好的生长发育，以便实施早期断奶（3月龄断奶），并为后期肥育奠定基础。

4. 山羊春羔冬季出栏综合技术

（1）开展经济杂交　通过杂交提高羔羊的个体重和生产力。用波尔山羊、萨能奶山羊等为父本，本地山羊为母本，进行杂交，杂交后代个体大，生长快。

（2）实施同期发情　同期发情有利于羔羊的肥育，节约动力，便于饲养管理和提高优良种公羊的利用率。要根据当地的气候特点选择发情、配种季节，南方地区以在10月份发情、配种，翌年3月份产羔为宜（同期发情技术方法见第四章）。

（3）羔羊早期断奶　传统的羔羊断奶时间在12～18周龄。断奶太迟，对羔羊的生长发育不利，影响以后的肥育。因此，应把断奶时间提前到6周龄，抓住早期断奶羔羊生长发育快的有利时机进行强度肥育。

（4）补喂生物活性物质

①莫能菌素　莫能菌素能在减少饲料采食量的情况下，维持增重率。

②氨酵素　哺乳羔羊每隔1天按每千克体重注射5毫升，15周龄后羔羊肌肉中脂肪含量比未注射的减少15%，瘦肉率提高。

③碳酸氢钠　在饲料中添加2%碳酸氢钠，可提高瘤胃对蛋白质、纤维及淀粉的消化率，加快羔羊增重速度。

(5)科学饲养管理

①羔羊断奶前补饲　羔羊断奶前补饲有助于多胎生羔羊和体弱羔羊的生长发育，并可让母羊有足够时间采食，以保持较长的泌乳期，加快羔羊的生长发育速度。做好补饲应注意以下几点：

一是要选好补饲饲料。早春羔羊在青草萌发之前，补饲优质青干草和玉米。青干草可绑成草架或草把。补饲精料可制成颗粒饲料或粉碎后配成混合饲料，可按玉米7份、麦麸2份、豆饼1份，每10千克混合饲料再加黄霉素0.4克混合。晚春羔正逢青草旺季，补料应以玉米为主，日粮蛋白质应不低于15%。

二是要选择补饲羔羊。对早产羔羊、高产母羊所产的羔羊、早春晚冬出生的羔羊、纯种羔羊、多胎生羔羊、产羔后期生的弱小羔羊、母羊饲草饲料供给不足时所产的羔羊均要补饲。

三是要确定补饲时间。放牧母羊群所产的羔羊，一般在2～3周龄时补饲，一般农户的母羊所产的羔羊，只要看到羔羊有舔食饲料的行为，就可以开始补饲。

四是要掌握补饲方法。羔羊有随母羊活动和模仿母羊动作的特性，开始补饲时，可给母羊与羔羊同时供给饲料，让羔羊学会舔食后，再逐渐给羔羊单独补料，补料量可由开始时每只每天45～55克逐渐增加到150克以上。

五是要精心管理。羊舍和补饲用具要洁净，定期消毒，地面要保持干燥，羊舍要冬暖夏凉，每只羔羊要有0.8～1.0平方米的活动、歇卧面积。要供给充足、清洁的饮水。

②保证合理的营养水平　根据各阶段的生长情况选择不同的精饲料进行补饲。一般4月龄前，需补充蛋白质含量高的饲料，羔羊精料中蛋白质的含量不应低于15%，4月龄以后由于脂肪组织生长趋于增强，日粮中能量含量要求较高，日粮中精、粗饲料比例以80∶20或75∶25为宜，如果进行快速度肥育，精料的比例则要

大大提高。舍饲肥育要在保证充足青绿饲料或干草的前提下，补饲矿物质和精饲料。养殖户可购买山羊矿物质舔砖，将其挂在圈内供羊自由舔食。精饲料可选用玉米、豆饼等原料自行配制。推荐参考饲料配方：玉米55%、麦麸25%、米糠4%、菜籽饼8%和豆饼8%。

③加强疾（疫）病防治　春羔常见的疾病有传染性脓疱病、传染性结膜炎、肺肠炎综合征、寄生虫病等，要注意观察，定期驱虫、免疫，及时治疗病羊，有效地控制疾病危害。

④适宜的出栏体重　肉用山羊出栏的适宜体重要根据日增重、饲料利用率、屠宰率等生产性能指标和市场需求来综合评定。出栏体重过低，山羊的生长潜力没有得到充分发挥，产肉量也低；出栏体重过高，虽然产肉量增加，但饲料利用率下降。杂种羊生长的高峰期较本地羊延迟，其适宜出栏体重应比本地羊大。笔者的研究结果表明，不同山羊品种或杂交组合的适宜出栏月龄为6～8月龄，适宜出栏体重分别为：本地山羊15千克、南江黄羊25千克、南本杂交羊20千克、波本杂交羊25千克、波南本三元杂交羊30千克、级进杂交羊25～35千克。

（五）成年羊强度肥育技术

1. 肥育羊的选择　一般来说，凡不作种用的公、母羊和淘汰的老、弱、瘦、残羊都可作菜羊进行肥育，但为了提高肥育羊的经济效益，特别是进行强度肥育，就必须对肥育羊进行选择。一要选择优良品种的羊，这些羊往往生长速度快，肉质好；二要选择肉用（或肉乳兼用、肉皮兼用）山羊品种作父本，当地优良山羊品种作母本生产的杂交后代，这些羊体型大，增重快；三要选择生长发育正常、健康无病、年龄在1岁左右的羊，年龄太大肥育效果不好。

2. 恢复预育期　一般7～10天，从外地购进的羊，经过较长时间、较长距离的运输而导致的应激反应可在恢复期中得到缓解。在此阶段，对肥育羊要进行去势、驱虫灭癣、修蹄，要逐渐改变饲料类型，把以粗饲料为主的日粮逐渐改变为精饲料比例占 40%的日粮。

3. 强度肥育期 此阶段羊已适应新的生活环境和饲养条件，日粮要由粗饲料为主转为精饲料为主。全部肥育期 2～3 个月，其中第一月内的精饲料比例应占日粮的 60%～65%，第二个月的精饲料比例应占日粮的 70%，2～3 个月的精饲料比例应占日粮的 80%。

精饲料可由玉米、豆饼、麸皮等组成，要求消化能在 12 540 千焦以上，总蛋白质含量在 12%以上，钙磷比例不低于 2.25∶1，粗纤维含量在 10%以下。

第七章　肉用山羊疾病防治

一、科学饲养管理

“羊以瘦为病”,“病由膘瘦起,体弱百病生”,这几句谚语说明了疾病发生与羊的营养的关系。在生产实际中,应根据不同生理阶段羊的营养需要和饲养制度,严格进行饲养管理,保证羊只的正常生长发育和生产需要,增强抗病力。

二、搞好环境卫生

羊舍应建在地势干燥、通风向阳、光线充足、水源丰富的地方。南方地区气候炎热,多雨潮湿,宜采用楼式羊舍建筑,以保持羊舍内干燥卫生。应经常打扫羊舍内外的环境卫生,保持羊舍用具清洁,严禁在羊舍内和运动场蓄积粪尿、污水和脏物等。羊粪及垫草应经 7～15 天堆积发酵处理,以杀死粪便中的病原微生物和寄生虫,提高肥效。每年定期对羊舍及其用具消毒 2～4 次。对经常放牧的羊群羊舍,可在春、秋季节消毒 2 次。对舍饲羊群羊舍,特别是奶山羊羊舍,应在每季度初进行消毒。常用的消毒药品有 40％克辽林、10％石灰乳、2％烧碱水、30％草木灰水和 3％来苏儿溶液等。

三、实施免疫接种

定期免疫预防是有效地控制传染病发生和传播的重要措施,尤其是随着集约化养羊业的发展,采取“预防为主”的方针更是极为重要。在生产中，应根据当地羊群的流行病特点进行预防注射。一般是在春季或秋季注射羊快疫、猝殂、肠毒血症三联菌苗和炭疽、布鲁氏菌病、大肠杆菌病菌苗等。在缺硒地区，应在羔羊出生后6天左右注射亚硒酸钠预防白肌病。对受传染病威胁的羊只，应进行相应的预防接种。

四、严格检疫

检疫是应用各种诊断方法（临床的、实验室的），对羊及其产品进行疫病（主要是传染病和寄生虫病）检查，并采取相应的措施，以防疫病的发生和传播。为了做好检疫工作，必须有一定的检疫手续，以便在羊只流通的各个环节，做到层层检疫，环环紧扣，从而杜绝疫病的传播蔓延。羊只从生产到出售，要经过出入场检疫、收购检疫、运输检疫和屠宰检疫，涉及外贸时，还要进行进出口检疫；出入场检疫是所有检疫中最基本最重要的检疫，只有经过检疫而未发生疫病时，方可让羊及其产品进场或出场。羊场或养羊专业户引进羊时，只能从非疫区购入，经当地兽医检疫部门检疫，并签发检疫合格证明书。运抵目的地后，再经羊场或专业户所在地兽医验证、检疫并隔离观察1个月以上，确认为健康者，经驱虫、消毒，没有注射过疫苗的还要补注疫苗，然后方可与原有羊只混群饲养。羊场采用的饲料和用具，也要从安全地区购入，以防疫病传入。大群检疫时，可用检疫夹道，即在普通羊圈内，用木板做成夹道，进口处呈漏斗状，与待检圈相连，出口处有两个活动小门，分别通往健康圈和隔离圈。夹道用厚2厘米、宽10厘米的木板，做成75厘米高的栅栏。夹道内的宽度和活动小门的宽度均为45～50厘米。检疫时，将羊只赶入夹道内，检疫人员即可在夹道两侧进行检疫。根据检疫结果，打开出口的活动小门，分别将羊赶入健康圈或隔离圈。这种设备除检疫用外，还可作羊的分群用。

五、做好消毒工作

消毒是贯彻“预防为主”方针的一项重要措施，其目的是消灭外界环境中的或特定目的物上的病原微生物，切断传播途径，阻止疫病继续蔓延。羊场应建立切实可行的消毒制度，定期对羊舍（包括用具）、地面土壤、粪便、污水、皮毛等进行消毒。常用消毒药的配制及用法见表7-1。

表 7-1　几种常用消毒药的配制及用法

药物名称	配法及浓度	主要用途	备　注
复合酚（菌毒敌、农乐）	0.35%～1.0%	羊舍、饲养场地、工具、车辆消毒	杀灭细菌、病毒、真菌、多种寄生虫卵，施药1次可以维持7天
石炭酸	3%～5%溶液	喷洒羊舍、家具，浸泡衣服、皮革及外科手术器械	杀灭细菌繁殖体、真菌和某些病毒，不能杀灭芽胞
来苏儿（煤酚皂溶液）	1%～2%溶液	消毒手臂、创面、器械（浸泡30分钟），杀死虱和蜱螨	同石炭酸
	5%溶液	消毒圈舍、污物及护理用具	
漂白粉	10%～20%乳状液（按需要先加少量水拌成糊状，再加水到足量，加盖静置，取用上清液）	消毒圈舍、地面、车辆等	杀灭细菌、芽胞、病毒及真菌
	0.5%溶液	饲槽、用具的表面消毒	

(一)羊舍消毒

一般分两个步骤进行:第一步先进行机械清扫,第二步用消毒液消毒。机械清扫是搞好羊舍环境卫生最基本的一种方法。据试验,采用清扫方法,可使畜舍内的细菌数减少20%左右;如果清扫后再用清水冲洗,则畜舍内的细菌数可减少50%以上;清扫、冲洗后再用药物喷雾消毒,畜舍内的细菌数可减少90%以上。用化学消毒液消毒时,消毒液的用量,以羊舍内每平方米面积用1升药液计算。常用的消毒药有10%~20%石灰乳、10%漂白粉溶液、0.5%~1.0%菌毒敌(原名农乐,同类产品有农福、农富、菌毒灭等)、0.5%~1.0%二氯异氰尿酸钠(以此药为主要成分的商品消毒剂有强力消毒灵、灭菌净、抗威毒等)、0.5%过氧乙酸等。消毒方法是将消毒液盛于喷雾器内,先喷洒地面,然后喷墙壁,再喷天花板,最后开门窗通风,用清水刷洗饲槽、用具,将消毒药味除去。如羊舍有密闭条件,可关闭门窗,用福尔马林熏蒸消毒12~24小时,然后开窗通风24小时。福尔马林的用量为每立方米空间1.25~50.0毫升,与等量水一起加热蒸发;无热源时,也可加入高锰酸钾(每立方米用30克),即可产生高热蒸发。在一般情况下,羊舍消毒每年可进行2次(春秋各1次)。产房的消毒,在产羔前应进行1次,产羔高峰时进行多次,产羔结束后再进行1次。在病羊舍、隔离舍的出入口处应放置浸有消毒液的麻袋片或草垫;消毒液可用2%~4%氢氧化钠、1%菌毒敌(病毒性疾病),或用10%克辽林溶液。

(二)地面消毒

土壤表面可用10%漂白粉溶液、4%福尔马林或10%氢氧化钠溶液。停放过芽胞杆菌所致传染病(如炭疽)病羊尸体的场所,应严格加以消毒,首先用上述漂白粉澄清液喷洒池面,然后将表层土壤掘起30厘米左右,撒上干漂白粉,并与土混合,将此表土妥善运出掩埋。其他传染病所污染的地面土壤，则可先将地面翻一下，深度约30厘米，在翻地的同时撒上干漂白粉（用量为每平方米0.5千克），然后以水洇湿，压平。如果放牧地区被某种病原体污染，一般利用自然因素（如阳光）来消除病原体；如果污染的面积不大，则应使用化学消毒药消毒。

（三）粪便消毒

羊的粪便消毒方法有多种，最实用的方法是生物热消毒法，即在距羊场100～200米以外的地方设一堆粪场，将羊粪堆积起来，上面覆盖10厘米厚的沙土，堆放发酵30天左右，即可用作肥料。

（四）污水消毒

最常用的方法是将污水引入污水处理池，加入化学药品（如漂白粉或其他氯制剂）进行消毒，用量视污水量而定，一般1升污水用2～5克漂白粉。

（五）皮毛消毒

当羊只患炭疽病、口蹄疫、布鲁氏菌病、羊痘、坏死杆菌病等，其羊皮、羊毛均应消毒。应当注意，羊患炭疽病时，严禁从尸体上剥皮；在储存的原料皮中即使只发现1张患炭疽病的羊皮，也应将整堆与它接触过的羊皮进行消毒。皮毛的消毒，目前广泛利用环氧乙烷气体消毒法。消毒时必须在密闭的专用消毒室或密闭良好的容器（常用聚乙烯或聚氯乙烯薄膜制成的篷布）内进行。在室温15℃时，每立方米密闭空间使用环氧乙烷0.4～0.8千克维持12～48小时，空气相对湿度在30％以上。此法对细菌、病毒、真菌均有良好的消毒效果，对皮毛等产品中的炭疽芽胞也有较好的消毒作用。但本品对人畜有毒性，且其蒸气遇明火会燃烧甚至爆炸，故必须注意安全，具备一定条件时才可使用。

六、实施药物预防

羊场可能发生的疫病种类很多，其中有些病目前已研制出有效的疫苗，还有不少病尚无疫苗可供利用；有些病虽有疫苗，但实际应用还有问题，因此，采用药物预防也是一项重要措施。通常用安全而价廉的药物加入饲料和饮水中，让羊群自行采食或饮用。

（一）常用抗菌药物

包括磺胺类药物（如磺胺嘧啶、磺胺甲基嘧啶、磺胺二甲基嘧啶、磺胺脒、磺胺甲基异噁唑等）、抗生素（如青霉素、链霉素、土霉素、四环素、氯霉素、新霉素、卡那霉素、庆大霉素、红霉素、泰乐菌素、多黏菌素B、制霉菌素、克霉唑等）。磺胺类药、四环素族抗生素（土霉素、四环素等），常拌入饲料或混于饮水中使用。药物占饲料或饮水的比例一般是：磺胺类药，预防量0.1%～0.2%，治疗量0.2%～0.5%；四环素族抗生素，预防量0.01%～0.03%，治疗量0.05%。一般连用5～7天，必要时也可酌情延长。但如长期使用化学药物或抗生素预防，容易产生耐药性菌株，影响药物的防治效果，因此，有条件的羊场要经常进行药敏试验，选择对病菌有高度敏感性的药物用于防治。此外，成年羊口服土霉素等抗生素时，常会引起肠炎等中毒反应，必须注意。抗菌增效剂是一类新广谱抗菌药，与磺胺药合用能显著增强疗效，又能与一些抗生素（如四环素、庆大霉素）起协同作用。目前常用的抗菌增效剂有三甲氧苄氨嘧啶（TMP）和二甲氧苄氨嘧啶（DVD，又称敌菌净），按1∶5的比例与磺胺药混合使用，可使磺胺药的抗菌效力提高数倍至数十倍。三甲氧苄氨嘧啶和磺胺药的复方制剂如复方磺胺嘧啶（SD-TMP）和复方新诺明（SMZ-TMP）等，对多种传染病有良好疗效，羊内服量每千克体重每次20～25毫克，1日2次。二甲氧苄氨嘧啶的抗菌作用与三甲氧苄氨嘧啶相似，其价格比较低廉，毒性反应较小，内服后吸收较差，在肠道内保持较高抑菌浓度，故常以其复方制剂（复方敌菌净）防治羔羊肠道感染，剂量和用法与复方新诺明相同。

（二）其他药物

饲料添加剂可促进羊的生长发育，且可增强其抗病能力。目前广泛使用的饲料添加剂中，含有各种维生素、矿物质、氨基酸、抗氧化剂、抗生素、中草药等，且每年都在研究改进添加剂的成分和用量，以便不断提高羊的生产性能和抗病能力。微生态制剂是根据微生态学原理，利用机体正常的有益微生物或其促进物质制成的一种新型活苗制剂，近 10 年来国内外研究发展很快，广泛用于人类、动物和植物。用于动物的称为动物微生态制剂。目前国内已有促苗生、乳康生、调痢生、健复生等 10 余种制剂。这类制剂的特点是，具有调整动物肠道菌群比例失调，抑制肠道内病原菌增殖，防止幼畜腹泻等功能，并有促进动物生长、提高饲料利用率等作用。本品粉剂可供拌料（用量为饲料的 0.1%～2.0%），片剂可供口服。应避免与抗菌药物同时服用。

七、做好寄生虫病防治

寄生虫病是养羊生产中极为常见和危害特别严重的疾病之一。患羊轻者体弱消瘦，生长发育受阻，繁殖力和生产性能下降，重者可造成大批死亡。因此，应加强羊群检查，定期进行驱虫处理。常用驱虫方法有口服法、药浴法和喷雾法。前者用于驱除内寄生虫，后者主要用于驱除外寄生虫。

（一）组织定期驱虫

为了预防羊的寄生虫病，应在发病季节到来之前，用药物给羊群进行预防性驱虫。预防性驱虫的时机，根据寄生虫病季节动态调查确定。例如，某地的肺线虫病主要发生于 11～12 月份及翌年

4～5 月份，那就应该在秋末冬初草枯以前（10 月底或 11 月初）和春末夏初羊抢青以前（3～4 月份）各进行 1 次药物防治。可将驱虫药小剂量地混在饲料内，在整个冬季补饲期间让羊食用。目前常采用每季度驱虫 1 次，或依据检验结果确定驱虫时间。预防性驱虫所用的药物有多种，应视寄生虫病的流行情况选择应用。丙硫咪唑（丙硫苯咪唑）具有高效、低毒、广谱的优点，对羊常见的胃肠道线虫、肺线虫、肝片吸虫和绦虫均有效，可同时驱除混合感染的多种寄生虫，是较理想的驱虫药物。使用驱虫药要求剂量准确，并且要先做小群驱虫试验，取得经验后再进行全群驱虫。驱虫过程中，发现病羊，应进行对症治疗，及时解救出现药物中毒及副作用的羊。药浴是防治羊的外寄生虫病，特别是羊螨病的有效措施。药浴液可用 1%敌百虫水溶液或速灭菊酯（80～200 毫克/升）、溴氰菊酯（50～80 毫克/升）。也可用石硫合剂，其配法为生石灰 7.5 千克，硫黄粉末 12.5 千克，用水拌成糊状，加水 150 升，边煮边拌，直至煮沸呈浓茶色为止，弃去下面的沉渣，上清液便是母液，在母液内加 500 升温水，即成药浴液。药浴可在特建的药浴池内进行，或在特设的淋浴场淋浴，也可用人工方法捉羊在大盆（缸）中逐只洗浴。

（二）常见寄生虫病的预防

1. 肠道线虫 一般多用左咪唑，口服 8～10 毫克/千克体重，肌注 7.5 毫克/千克体重，驱虫时，应在首次给药后 2～3 周再用 1 次，0.3%的浓度可起到预防作用，也可服用丙硫咪唑（抗蠕敏）5 毫克/千克体重，还可服用虫克星（阿维菌素）或精制敌百虫，效果也很好。

2. 绦虫 一般多用氯硝柳胺（灭绦灵），内服，50～70 毫克/千克体重，投药前停饲 5～8 小时。

3. 肺线虫 常用氰乙酰肼，内服，17.5 毫克/千克体重。体重在 30 千克以上者，总量不超过 450 毫克，也可皮下注射 15 毫克/

千克体重，如出现氰乙酰肼中毒现象，可用同剂量维生素 B_6 缓解。

4. 肝片吸虫 常用硝氯酚，内服，3～4 毫克/千克体重，皮下注射 1～2 毫克/千克体重，也可用丙硫咪唑，10 毫克/千克体重。

5. 血吸虫 常用六氯对二基甲苯(海涛尔血防片)，内服，150 毫克/千克体重，间隔 2 天再用 1 次。

6. 焦虫 可用 7%贝尼尔(血虫净)，肌注，5～7 毫克/千克体重，隔 24 小时再肌注 1 次，或用磷酸博宁奎，每次每只肌注 50～70 毫克/千克体重，2～3 次即可，也可皮下注射阿卡普林，2 毫克/千克体重。

7. 体外寄生虫 治疗羊鼻蝇，内服敌百虫 60～70 毫克/千克体重，治疗疥螨用 0.5%敌百虫溶液药浴，治疗癣螨用 0.2%溶液药浴，也可口服 0.1%畜卫佳 300 毫克/千克体重，也可肌注阿维菌素等。治疗疥疮，硫黄 50 克＋猪油 50 克(板油)＋花椒 20 克，捣碎锤溶用布包好涂擦。

八、其他综合防疫措施

①饲养场应设立围墙或防护沟，门口设置消毒坑，严禁非生产人员、车辆入内。②新引进的羊只应隔离观察 1 个月左右，确定无病方可进入生产区。③经常检查羊群疫情，发现病羊或可疑羊只应及时进行确诊治疗。对病羊采取有效的隔离措施或淘汰，并对圈舍及用具彻底进行清洗消毒。④定期捕杀鼠类、蝇类，防止疾病传播。⑤发现传染病患羊，应立即隔离进行处理，对未表现出症状的羊只，应采取紧急预防措施。同时，划定和封锁疫区，防止疾病扩散。⑥对饲养员定期进行特定的人畜共患病检查，以保证饲养人员身体健康。

附录：肉用山羊常用疫(菌)苗

1. 羊痘鸡胚化弱毒疫苗，预防山羊痘，每年3～4月份进行接种，免疫期1年，接种时不论羊只大小，一律皮下注射0.5毫升/只。

2. 羊链球菌氢氧化铝菌苗，预防山羊链球菌病，每年3月份、9月份2次接种，免疫期半年，接种部位为背部皮下，接种量为6月龄以下山羊每只3毫升，6月龄以上每只5毫升。

3. 羊四联苗(快疫，猝殂，肠毒血症，羔羊痢疾)或五联苗(快疫，猝殂，肠毒血症，羔羊痢疾，黑疫)，每年2月底到3月初和9月下旬两次接种，不论羊只大小，一律皮下注射或肌内注射5毫升，注射后14天产生免疫力。

4. 羔羊痢疾氢氧化铝菌苗，专给妊娠母羊注射，可使羔羊通过吃奶得到被动免疫，在妊娠母羊分娩前20～30天和10～20天时，分2次注射，注射部位分别在两后腿内侧皮下，疫苗用量分别为2毫克和3毫克，注射10天后产生免疫力，免疫期5个月。

5. 山羊传染性胸膜肺炎氢氧化铝菌苗，皮下或肌内注射，6月龄以下3毫升/只，6月龄以上5毫升/只，免疫期1年。

6. 口疮弱毒细胞冻干苗，预防山羊口疮，每年3月份和9月份2次注射，无论羊只大、小一律口腔黏膜内注射0.2毫升。

7. 羊流产衣原体油佐剂卵黄灭活苗，预防山羊衣原体性流产，在母羊妊娠前或妊娠后1个月内皮下注射，3毫克/只，免疫期1年。

8. 破伤风类毒素，预防破伤风，在妊娠母羊产前1个月或羔羊肥育阉割前1个月或受伤时注射，一般在颈部中央1/3处皮下注射0.5毫升，1个月后产生免疫力，免疫期1年。

9. 羔羊大肠杆菌病苗，预防羔羊大肠杆菌病，皮下注射，3月龄以下羔羊1毫升/只;3月龄以上羔羊2毫升/只。注射后14天产生免疫力,免疫期6个月。

10.Ⅱ号炭疽菌苗,预防炭疽病,每年9月中旬注射1次,不论羊只大小,皮下注射1毫升,14天产生免疫力。

肥技术	16.50
农作物良种选用 200 问	15.00
作物立体高效栽培技术	13.00
经济作物病虫害诊断与防治技术口诀	11.00
作物施肥技术与缺素症矫治	9.00
肥料使用技术手册	45.00
肥料施用 100 问	6.00
科学施肥(第二次修订版)	10.00
配方施肥与叶面施肥(修订版)	8.00
化肥科学使用指南(第二次修订版)	38.00
秸杆生物反应堆制作及使用	8.00
高效节水根灌栽培新技术	13.00
农田化学除草新技术(第 2 版)	17.00
农田杂草识别与防除原色图谱	32.00
保护地害虫天敌的生产与应用	9.50
教你用好杀虫剂	7.00
合理使用杀菌剂	10.00
农药使用技术手册	49.00
农药科学使用指南(第 4 版)	36.00
农药识别与施用方法(修订版)	10.00
常用通用名农药使用指南	27.00
植物化学保护与农药应用工艺	40.00
农药剂型与制剂及使用方法	18.00
简明农药使用技术手册	12.00
生物农药及使用技术	9.50
农机耕播作业技术问答	10.00
鼠害防治实用技术手册	16.00
白蚁及其综合治理	10.00
粮食与种子贮藏技术	10.00
北方旱地粮食作物优良品种及其使用	10.00
粮食作物病虫害诊断与防治技术口诀	14.00
麦类作物病虫害诊断与防治原色图谱	20.50
中国小麦产业化	29.00
小麦良种引种指导	9.50
小麦标准化生产技术	10.00
小麦科学施肥技术	9.00
优质小麦高效生产与综合利用	7.00
小麦病虫害及防治原色图册	15.00
小麦条锈病及其防治	10.00
大麦高产栽培	5.00
水稻栽培技术	7.50
水稻良种引种指导	23.00
水稻新型栽培技术	16.00
科学种稻新技术(第 2 版)	10.00
双季稻高效配套栽培技术	13.00
杂交稻高产高效益栽培	9.00
杂交水稻制种技术	14.00
提高水稻生产效益 100 问	8.00
超级稻栽培技术	9.00
超级稻品种配套栽培技术	15.00